教育部职业教育与成人教育司推荐教材
中等职业教育技能型紧缺人才教学用书

通风与空调系统安装

（建筑设备专业）

本教材编审委员会组织编写

主编　余　宁
主审　杜　渐　王志伟

中国建筑工业出版社

图书在版编目（CIP）数据

通风与空调系统安装/本教材编审委员会组织编写，
余宁主编. —北京：中国建筑工业出版社，2006
教育部职业教育与成人教育司推荐教材. 中等职业教
育技能型紧缺人才教学用书（建筑设备专业）

ISBN 7-112-08604-3

Ⅰ. 通… Ⅱ.①本…②余… Ⅲ.①通风设
备-建筑安装工程-专业学校-教材②空气调节设备-建筑
安装工程-专业学校-教材 Ⅳ. TU83

中国版本图书馆 CIP 数据核字（2006）第 111412 号

教育部职业教育与成人教育司推荐教材
中等职业教育技能型紧缺人才教学用书
通风与空调系统安装
（建筑设备专业）
本教材编审委员会组织编写
主编 余 宁
主审 杜 渐 王志伟
*
中国建筑工业出版社出版（北京西郊百万庄）
新华书店总店科技发行所发行
霸州市顺浩图文科技发展有限公司制版
北京同文印刷有限责任公司印刷
*
开本：787×1092 毫米 1/16 印张：9½ 字数：230 千字
2006 年 10 月第一版 2006 年 10 月第一次印刷
印数：1—2500 册 定价：**17.00** 元
ISBN 7-112-08604-3
（15268）

本社网址：http://www.cabp.com.cn
网上书店：http://www.china-building.com.cn

本书是教育部职业教育与成人教育司推荐教材。

全书共分三个单元：单元 1 通风与空调系统，主要讲述通风与空调系统的类型、组成设备及工作过程、特点与适用范围，通风与空调施工图的组成、图例及看图要点；单元 2 通风与空调系统的安装，主要讲述通风与空调系统的常用材料，风管加工与连接技术，通风与空调系统加工安装草图的绘制，通风管道的安装，通风与空调设备的安装；单元 3 通风与空调系统调试、验收与运行管理，主要讲述通风与空调系统单机试运转，系统的测定和调试，系统的运行调节，系统调试常见问题的分析及其解决方法，系统的竣工验收、工程回访与保修。

本书具有中等职业教育特色，单元课题式讲解突出了专业的实用性与针对性，使得编写能删繁就简，突出专业需要，较快切入主题；各单元各课题前写有单元或课题的知识点与教学目标，单元后有相应的实用案例、习题与思考题，能够突出学习重点，加深内容理解，巩固知识，培养人们分析问题、解决问题的能力；各课题在内容安排上既考虑相对的独立性，又考虑知识的先后照应关系。

本书除可作为中等职业学校供热通风与空调工程技术专业和建筑设备专业的教材使用外，也可作为从事通风与空调工作的中等技术人员的培训用书或参考书。

＊　　＊　　＊

责任编辑：齐庆梅
责任设计：董建平
责任校对：张树梅　张　虹

本教材编审委员会名单

主　任：汤万龙

副主任：杜　渐　张建成

委　员：（按拼音排序）

陈光德　范松康　范维浩　高绍远　侯晓云　李静彬

李　莲　梁嘉强　刘复欣　刘　君　邱海霞　孙志杰

唐学华　王根虎　王光遐　王林根　王志伟　文桂萍

邢国清　邢玉林　薛树平　杨其富　余　宁　张　清

张毅敏　张忠旭

出 版 说 明

为深入贯彻落实《中共中央、国务院关于进一步加强人才工作的决定》精神，2004年10月，教育部、建设部联合印发了《关于实施职业院校建设行业技能型紧缺人才培养培训工程的通知》，确定在建筑（市政）施工、建筑装饰、建筑设备和建筑智能化四个专业领域实施中等职业学校技能型紧缺人才培养培训工程，全国有94所中等职业学校、702个主要合作企业被列为示范性培养培训基地，通过构建校企合作培养培训人才的机制，优化教学与实训过程，探索新的办学模式。这项培养培训工程的实施，充分体现了教育部、建设部大力推进职业教育改革和发展的办学理念，有利于职业学校从建设行业人才市场的实际需要出发，以素质为基础，以能力为本位，以就业为导向，加快培养建设行业一线迫切需要的技能型人才。

为配合技能型紧缺人才培养培训工程的实施，满足教学急需，中国建筑工业出版社在跟踪"中等职业教育建设行业技能型紧缺人才培养培训指导方案"（以下简称"方案"）的编审过程中，广泛征求有关专家对配套教材建设的意见，并与方案起草人以及建设部中等职业学校专业指导委员会共同组织编写了中等职业教育建筑（市政）施工、建筑装饰、建筑设备、建筑智能化四个专业的技能型紧缺人才教学用书。

在组织编写过程中我们始终坚持优质、适用的原则。首先强调编审人员的工程背景，在组织编审力量时不仅要求学校的编写人员要有工程经历，而且为每本教材选定的两位审稿专家中有一位来自企业，从而使得教材内容更为符合职业教育的要求。编写内容是按照"方案"要求，弱化理论阐述，重点介绍工程一线所需要的知识和技能，内容精炼，符合建筑行业标准及职业技能的要求。同时采用项目教学法的编写形式，强化实训内容，以提高学生的技能水平。

我们希望这四个专业的教学用书对有关院校实施技能型紧缺人才的培养具有一定的指导作用。同时，也希望各校在使用本套书的过程中，有何意见及建议及时反馈给我们，联系方式：中国建筑工业出版社教材中心（E-mail：jiaocai@cabp.com.cn）。

中国建筑工业出版社
2006 年 6 月

前　言

　　《通风与空调系统安装》是建筑类中等职业学校建筑设备技术专业通风与空调安装方向的核心教学与训练课程（项目），是从事通风空调设备施工安装和管理技术人员必须掌握的专业知识。其任务是通过本教材的学习，使学习者具备从事通风空调工程施工安装、施工验收、调试和运行管理工作所必需的基本知识、基本技能，成为建筑设备专业的高素质劳动者和中、初级专门人才。

　　本教材是根据 2005 年 3 月建设部中等职业学校供热通风与空调专业指导委员会第四届三次会议讨论制定的"《建筑设备技术》专业技能型紧缺人才培养培训指导方案"的指导思想、培养目标与规格，以建筑设备施工岗位群设置的核心教学与训练项目，按照专业知识和专业技能的纵向条块结构要求和《通风与空调系统安装》课程指导性教学大纲来编写的。

　　《通风与空调系统安装》计划教学 96 学时，其中课堂教学 60 学时左右，实践性教学环节约 30 学时左右，并留有 6 学时的机动时间，各学校可根据生产技术新发展或不同地区的实际情况，调整或加强、更新、补充教学内容。全书共分三个单元：单元 1 通风与空调系统，主要讲述通风与空调系统的类型、组成设备及工作过程、特点与适用范围，通风空调施工图的组成、图例及看图要点；单元 2 通风空调系统的安装，主要讲述通风空调系统的常用材料，风管加工与连接技术，通风空调系统加工安装草图的绘制，通风管道的安装，通风空调设备的安装；单元 3 通风空调系统调试、验收与运行管理，主要讲述通风空调系统单机试运转，系统的测定和调试，系统的运行调节，系统调试常见问题的分析及其解决方法，系统的竣工验收、工程回访与保修。

　　本教材在满足专业培养方案及课程指导性教学大纲要求的知识点、能力点的条件下，具有职业教育的特色。单元课题式讲解突出了专业的实用性与针对性，使得编写能删繁就简，突出专业需要，较快地切入主题；各单元各课题前都写有单元或课题的知识点与教学目标，单元后有相应的实用案例、习题与思考题，能够帮助学生突出学习重点，加深内容理解，巩固知识，培养学生分析问题、解决问题的能力；各课题在内容安排上既考虑相对的独立性，又考虑知识的先后照应关系；论述上考虑适当的深度，做到层次分明，重点突出，使知识易于学习掌握；文字上力求简练、准确、通畅，便于学习；所用名词、符号和计量单位符合国家技术标准规定。

　　本教材由江苏广播电视大学建筑工程学院副教授余宁担任主编，南京职业教育中心高级讲师杜渐和北京城建安装公司高级工程师王志伟担任主审。江苏广播电视大学建筑工程学院余宁编写了绪论、单元 2 的课题 3、单元 3 的课题 1、课题 2、课题 3 和课题 4；山东省城市建设学校吴昊编写了单元 1 的课题 1、课题 2 和课题 3；江苏广播电视大学建筑工程学院顾红军编写了单元 2 的课题 1、课题 2、课题 4 和课题 5。

　　限于编者水平，教材中难免有不妥或错误之处，恳请读者提出宝贵意见和指正。

目　　录

绪　论

1. 课程的性质与内容

《通风与空调系统安装》是中等职业学校建筑设备技术专业通风与空调安装方向的一门核心教学与训练课程（项目），是从事通风与空调设备施工安装和管理的技术人员必须掌握的专业知识。

本书共有三个单元 12 个课题。单元 1 通风与空调系统主要讲述通风与空调系统的类型、组成设备及工作过程、特点与适用范围，通风与空调施工图的组成、图例及看图要点；单元 2 通风与空调系统的安装主要讲述通风与空调系统的常用材料，风管加工与连接技术，通风与空调系统加工安装草图的绘制，通风管道的安装，通风与空调设备的安装；单元 3 通风与空调系统调试、验收与运行管理主要讲述通风与空调系统单机试运转，系统的测定和调试，系统的运行调节，系统调试常见问题的分析及其解决方法，系统的竣工验收、工程回访与保修。

2. 学习本课程的目的与任务

本课程的主要任务是通过课程的学习，使学生掌握通风与空调系统施工安装所需的基本知识和基本技能，为毕业后从事通风与空调设备的施工安装、施工调试与验收及通风与空调系统的运行维护管理打下基础。通过本课程的教学，应达到下面的基本学习目标：

（1）了解通风与空调系统的基本类型、基本组成，并理解其工作过程、特点与适用范围；

（2）了解常用通风与空调系统的设备、附件与材料类型，并能掌握其合理选用的要点；

（3）具有查阅和使用通风与空调系统相关标准、规范、手册、图集、产品样本等资料的能力，并能识读通风与空调系统施工图；

（4）能根据通风与空调系统施工图和安装程序进行设备、附件与管道的安装，并能自我检查与控制安装工程质量；

（5）掌握通风与空调系统的试运行及有关调试、验收的程序、方法与要求，并能解决通风与空调系统调试运行管理中常见的问题。

3. 通风与空调技术发展的概况和方向

通风与空调技术作为人类改造客观环境的一种能力是与社会科学技术的发展水平密切相关的，其发展的历史是人类改造自然的历史的一个组成部分。

古代人类，面对自然气候的变化和恶劣天气的侵袭，只能采用简单的防御手段来抗争。我国古代燧人氏的钻木取火，开始了供暖的雏形；古代皇宫中奴婢替皇帝、大臣摇摆的挂扇，古埃及奴隶用棕榈枝编的扇子替奴隶主的扇风可看成是通风的雏形。合理设置建筑物的气窗及门窗，依靠室内外空气温差所造成的热压，或者利用室外风力作用在建筑物上所形成的风压进行的自然通风，以及利用专门的火炉、火墙、火炕等设施进行的供暖则是至今仍在使用的简单的空气调节方法。15 世纪末，意大利著名科学家利奥纳多·达·

芬奇（Leonardo da Vinci）利用水轮机驱动的风机，开创了机械通风的先导。1851年美国佛罗里达州某海军医院院长约翰·戈里（John Gorrie）发明制造了世界上第一台商用制冷空调机。20世纪初，被美国人称为"空调之父"的维里斯·赫·开利（Willis H. Carrier）在一家彩色印刷厂设计和建成了能够实现全年运行并带有喷水室的空气调节系统，为空气调节技术发展到实际应用的阶段作出了卓越的贡献。

1930年后，我国上海、天津、哈尔滨等较发达的大、中城市中，陆续有一些纺织厂、电影院、银行和高档宾馆开始安装了空气调节装置，但那时的通风空调技术大多掌握在外国人手中，较大的暖通工程也是由外国的"洋行"和买办承包商所经营。我国那时的通风与空调安装技术停留在手工业、作坊式的安装与维修水平上。旧中国，通风与空调工程没有形成专门的学科，建筑设备安装也不成行业，通风与空调设施主要是一些旧式的传统装置，附属于土木建筑工程之中。

新中国诞生后，我国的国民经济快速发展，通风与空调技术也得到了很快的发展。自1952年起开设了建筑设备这个新的学科，建立了供热空调工程设备器材制造厂，在建筑企业中组成了"卫生设备安装公司"，之后又成立了各省、各部门的"工业设备安装公司"。经过第一个、第二个五年计划（1953～1962年）的10年基本建设，国家形成了较完善的基础工业体系，建筑设备安装队伍也初具规模，暖通空调的理论和技术有了很大发展。1959年完成的首都十大建筑之一的人民大会堂，建筑面积达17万 m^2，仅用10个月建成。全部建筑中，有完善的采暖通风与空调设施。其中通风管道总长度达260km之多。该工程设计、施工、材料供应均自力更生，工期短，速度快，设备复杂，多工种交错施工，其工程技术与质量代表了我国20世纪60年代初的建筑安装技术水平。

20世纪80年代，随着我国经济体制的改革，对外的开放，开创了我国经济建设的新纪元，通风与空调技术也迅猛发展，大量从国外引进的先进技术，不仅被安装企业吸收、消化、掌握和推广，而且有的技术还有了新的发展。现在，全国各省及大、中城市的安装公司，不仅能承担本地区和其他地区的安装任务，而且还能走出国门承揽国际安装业务，成为跨地区、跨行业的集团公司或跨国企业。这些企业和集团公司，除承担安装工程外，还附有加工厂或预制厂，通风与空调产品销往世界各地。目前能够承担国家重点工程、引进工程、城镇安装工程以及国外安装工程的大型企业，建筑设备工程安装公司已达五百多家，有数百万技术专业职工队伍。我国的通风与空调科学技术已走向世界。

现代建筑设备工程技术发展的特点是：

（1）新材料、新产品、新工艺快速发展，在通风与空调工程中引起了许多技术改革。例如采用铝塑管和铜塑管取代镀锌钢管作为空调冷、热水供应管，具有重量轻，耐腐蚀、易施工，好布置的优点；采用全塑并带保温结构的预制风管，使风管耐腐蚀且施工更便捷。

（2）朝节能、使用新能源方向发展。在空调设备上采用变频调速技术，使空调运行更省电；国外开始采用的被动式太阳能采暖及降温装置，为空调技术提供了新型冷源和热源；地热采暖与空调不仅节省能源、运行效率高，而且使采暖更贴近自然、卫生、不占空间、不影响室内美化。

（3）暖通管道设备安装工艺朝工厂化、装配化方向发展，不仅提高、保证了施工质量，而且大大加快了施工速度，能获得良好的经济效果。例如，通风空调管道工厂化施工，是把管道施工分成预制组装和现场安装两个相互独立的过程来完成。在预制加工厂中，按车间、工段集中、大量地对各种管件、风管、阀件进行加工组装，以实现生产过程的机械化和自动化。在这方面，国外已使用电子计算机控制管道、管件、阀件自动加工预制的系统，使管道的预制加工实现全盘自动化。加工预制完毕后，对预制组装的管道、管件及阀件进行编号、分批运往施工现场，吊装就位连接后，再进行调试，测定后即可进行运行。

（4）自动控制技术及计算机管理的广泛应用，已使空调系统的运行调节和管理逐步走向智能化。例如使用程序控制装置调节建筑物通风空调系统，使建筑物通风量能随气象参数自动调节；使用自动温度调节器，可以保证室内空调的温度，利用电子控制设备或敏感器件，并采用计算机控制，可以获得最佳的运行管理效果。

为了与通风空调工程技术的发展要求相适应，通风与空调设计、施工、安装的技术标准、规范也得到多次修订和逐步完善。国家从1955年起，建筑工程部先后制定出我国各种建筑工程、材料、设备产品等的质量标准、通用规格、设计规范和施工安装验收规范。20世纪70年代，随着基本建设迅速发展，各产业部根据本系统工程建设实践的需要，分别制定出适应本系统工程建设需要的技术标准和规范，如"GB"代表的国家标准、"YB"代表的冶金部部颁标准、"JB"代表的原机械工业部部颁标准等，极大丰富和完善了我国基本建设工作的技术政策，并促进了基建战线的发展和技术进步。20世纪80年代，随着我国经济体制改革带来的计划经济向市场经济的转变，建筑市场已打破了过去按地区按行业承建工程的封闭机制，使原有适用于各特定部门或系统的技术标准和规范不能完全适应新的发展形势需要。为此建设部在20世纪80年代以来又重新修订了各个专业的技术标准和施工规范，如《采暖通风与空气调节设计规范》（GB 50019—2003）、《通风与空调工程施工质量验收规范》（GB 50243—2002）、《建筑工程施工质量验收统一标准》（GB 50302—2001）等。这些"规范"和"标准"是法令性文件，所有安装企业和其他企事业单位、工程技术人员和工人都必须严格遵守。

4. 本课程的特点与学习方法

"通风与空调系统安装"是一门专业性与实践性很强的课程，内容多，范围广。它不仅介绍了通风与空调系统的基本类型、组成设备及工作过程、特点与适用场合，而且还讲述了系统设备的常用材料，施工安装技术，运行调试与调节及系统的竣工验收、运行管理与维护等方面的知识。为此，在教与学的过程中，可注意如下的学习方法与要求：

（1）书本知识与实践、实际的紧密结合

（2）在学好本教材的基础上，还应多看一些参考书

在学习本课程时，除尽量学好本教材的内容外，还应看一些相关的参考书（如本书后面所列的一些参考文献），这样才能见多识广，对问题有更细、更深、更宽的了解。

（3）注意专业技术标准和施工规范等的学习与熟悉

通风与空调工程方面的专业技术标准和规范在工程建设中的贯彻应用，构成了具有我国特色、符合我国国情的通风与空调工程应用技术体系。学习并掌握这一技术体系是从事通风与空调工程事业的科技人员必备的基本知识之一。同时，应看到对外开放，加入WTO，已使我国的通风与空调工程技术市场与国际市场相接轨，并将融为一体。抓住机遇，开创国际通风与空调技术市场，已是我们的光荣使命。为此，学习和熟悉我国和相关国家的技术标准和规范也是我们的重要任务。

单元 1　通风与空调系统

知 识 点：主要讲述通风与空调工程系统的类型、组成设备及工作过程、特点与适用范围，通风空调施工图的组成、图例及看图要点。

教学目标：1. 了解通风与空调系统的基本类型、基本组成，并理解其工作过程、特点与适用范围；

2. 了解常用通风与空调系统的设备、附件与材料类型，并能掌握其合理选用的要点；

3. 具有查阅和使用通风与空调系统相关标准、规范、手册、图集、产品样本等资料的能力，并能识读通风与空调系统施工图。

课题 1　工业通风系统

1.1　工业有害物及其危害

1.1.1　粉尘的来源及其对人体的危害

（1）粉尘的来源

粉尘是指能在空气中浮游的固体微粒。在冶金、机械、建材、轻工、电力等许多工业部门的生产中均产生大量粉尘。粉尘的来源主要有以下几个方面：

1）固体物料的机械粉碎和研磨，例如选矿、耐火材料车间的矿石破碎过程和各种研磨加工过程；

2）粉状物料的混合、筛分、包装及运输，例如水泥、面粉等的生产和运输过程；

3）物质的燃烧，例如煤燃烧时产生的烟尘量，占燃煤量的 10% 以上；

4）物质被加热时产生的蒸气在空气中的氧化和凝结，例如矿石烧结、金属冶炼等过程中产生的锌蒸气，在空气中冷却时，会凝结、氧化成氧化锌固体微粒。

（2）粉尘的危害

工业有害物危害人体的途径有三个方面。在生产过程中最主要的途径是经呼吸道进入人体，其次是经皮肤进入人体，通过消化道进入人体的情况较少。

粉尘对人体健康的危害同粉尘的性质、粒径大小和进入人体的粉尘量有关。

粉尘的化学性质是危害人体的主要因素。因为化学性质决定它在体内参与和干扰生化过程的程度和速度，从而决定危害的性质和大小。有些毒性强的金属粉尘进入人体后，会引起中毒以至死亡。

一般粉尘进入人体肺部后，可能引起各种尘肺病。

粉尘粒径的大小是危害人体的另一个因素。它主要表现在以下两个方面：

粉尘粒径小，粒子在空气中不易沉降，也难于被捕集，造成空气长期污染，同时易于随空气进入人的呼吸道深部。

粉尘粒径小,其化学活性增大,表面活性也增大,加剧了人体生理效应的发生与发展。

再有,粉尘的表面可以吸附空气中的有害气体、液体以及细菌和病毒等微生物,它还使污染物质的媒介物和空气中的二氧化硫联合作用,加剧对人体的危害。

粉尘还能大量吸收太阳紫外线短波部分,严重影响儿童的生长发育。

1.1.2 有害蒸气和气体的来源以及对人体的危害

在化工、造纸、纺织物漂白、金属冶炼、浇铸、电镀、酸洗、喷漆等过程中,均产生大量的有害蒸气和气体。

有害蒸气和气体既能通过人的呼吸进入人体内部危害人体,又能通过人体外部器官的接触伤害人体,对人体健康有极大的危害和影响。常见的有害蒸气和气体有汞蒸气、铅、苯、一氧化碳、二氧化硫、氮氧化物等。

根据有害蒸气和气体对人体危害的性质,可将它们概括为麻醉性的、窒息性的、刺激性的和腐蚀性的几类。

综上所述,工业有害物对人体的危害程度取决于下列因素:

1) 有害物本身的物理、化学性质对人体产生有害作用的程度,即毒性的大小。

2) 有害物在空气中的含量,即浓度的大小。

3) 有害物与人体持续接触的时间。

4) 车间的环境条件以及人的劳动强度、年龄、性别和体质情况等。

1.1.3 余热、余湿对人体的影响

人的冷热感觉与空气的温度、相对湿度、流速和周围物体表面温度等因素有关。人体散热主要通过皮肤与外界的对流、辐射和表面汗分蒸发三种形式进行,呼吸和排泄只排出少部分热量。

对流换热取决于空气的温度和流速。空气温度低于体温时,温差愈大人体对流散热愈多,空气流速增大对流散热也增大;空气温度等于体温时,对流换热完全停止;空气温度高于体温时,人体不仅不能散热,反而得热。空气流速愈大,得热愈多。

发射散热与空气的温度无关,只取决于周围物体(墙壁、炉子、机器等)表面的温度。当物体表面温度高于人体表面温度时,人体得到辐射热;相反,则人体散失辐射热。

蒸发散热主要取决于空气的相对湿度和流速。当空气温度高于体温,又有辐射热源时,人体已不能通过对流和辐射散出热量,但是只要空气的相对湿度较低(水蒸气分压力较小),气流速度较大,可以依靠汗液的蒸发散热;如果空气的相对湿度较高,气流速度较小,则蒸发散热很少,人体会感到闷热。相对湿度愈低,空气流速愈大,则汗分愈容易蒸发。

由此可见,对人体最适宜的空气环境,除了要求一定的清洁度外,还要求空气具有一定的温度、相对湿度和流动速度,人体的舒适感是三者综合影响的结果。因此,在生产车间内必须防治和排除生产中大量热和水蒸气,并使室内空气具有适当的流动速度。

1.1.4 卫生标准与排放标准

(1) 卫生标准

为了使工业企业的设计符合卫生要求,保护工人、居民的安全和健康,我国于1962年颁布了《工业企业设计卫生标准》。后来又作了修订,颁发《工业企业设计卫生标准》

（TJ 36—79）作为全国通用设计卫生标准，从 1979 年 11 月 1 日起实行。卫生标准对车间空气中有害物质的最高容许浓度、空气的温度、相对湿度和流速，对居住区大气中有害物质的最高容许浓度等都作了规定，它是工业通风设计和检查其效果的重要依据。例如卫生标准规定，车间空气中一般粉尘的最高容许浓度为 $10mg/m^3$，含有 10% 以上游离二氧化硅的粉尘则为 $2mg/m^3$，危害性大的物质其容许浓度低；在车间空气中一氧化碳的最高容许浓度为 $30mg/m^3$，而居住区大气中则为 $1mg/m^3$（日平均），居住区的卫生要求比生产车间高。

卫生标准中规定的车间空气中有害物质的最高容许浓度，是以工人在此浓度下长期进行生产劳动而不会引起急性或慢性职业病为基础制定的。居住区大气中有害物质的一次最高容许浓度，一般是根据不引起黏膜刺激和恶臭而制定的；日平均最高容许浓度，主要是根据防治有害物质的慢性中毒而制定的。制定最高容许浓度还考虑了国家的经济和技术水平。

（2）排放标准

1973 年我国颁发了《工业"三废"排放试行标准》（GBJ 4—73），规定从 1974 年起试行。这是为了保护环境，防止工业废水、废气、废渣（简称"三废"）对大气、水源和土壤的污染，保障人民身体健康，促进工农业生产的发展而制定的。排放标准是在卫生标准的基础上制定的，对十三类有害物质的排放量或排放浓度作了规定。工业通风排入大气的有害物量（或浓度）应该符合排放标准的规定。

随着我国环境保护事业的发展，1982 年制定了《大气环境质量标准》（GB 3095—82）。同时不同行业还根据自身的行业特点，制定了相应的标准，如《水泥工业污染物排放标准》（GB 4915—85）、《钢铁工业污染物排放标准》（GB 4911—85）等。在《水泥工业污染物排放标准》中规定，含游离二氧化硅小于 10% 的粉尘，其允许的排放浓度为 $100g/m^3$；含游离二氧化硅大于 10% 的粉尘，其允许的排放浓度为 $50g/m^3$。上述要求比《工业"三废"排放试行标准》中的规定更为严格。因此，对已制定行业标准的生产部门，应以行业标准为准。

1.2 通风方式及其分类

按通风的动力不同分为自然通风和机械通风。

1.2.1 自然通风

自然通风是依靠室外"风压"，以及室内外空气温差造成的"热压"来实现空气流动的。

风压作用下的自然通风如图 1-1 (a) 所示。当有风吹过建筑物时，在迎风面上空气流动受到阻挡，室外空气把自身的部分动压转换为静压，使该处的压力高于大气压力；在背风面形成局部涡流，使该处压力低于大气压力。由于这个压力差存在，室外空气从迎风面上压力高的窗孔流入室内，再由背风面上压力低的窗孔流出，造成了室内空气的流动。

热压是由于室内外空气温度不同，在外围结构的不同高度上所造成室内外压力差。当室内空气温度高于室外气温时，室外空气密度大，从下部窗孔流入室内，室内密度小的热空气上升，从上部窗孔流出。室内外温差大，上下窗孔高差大，热压也愈大，通风量就增大。图 1-1 (b) 是利用热压进行自然通风的示意图。它是高温车间在夏季应用的一种全面自然通风方式。

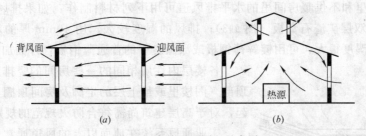

图 1-1 自然通风原理示意图
(a) 风压作用下的自然通风；(b) 热压作用下的自然通风

自然通风是一种经济的通风方式，它不消耗能源，能得到较大的通风量，但由于通风量会随气候而变化，因此通风效果不稳定。

1.2.2 机械通风

机械通风由风机提供动力造成室内空气流动。它不受自然条件的限制，可以通过风机把空气送至室内任何指定地点，也可以从室内任何指定地点把空气排出。

1.3 通风系统的主要组成设备及部件

自然通风只需要进、排风窗等简单的设备装置，而其他的通风方式，则是由较多的构件和设备来组成，主要有风道、阀门、进排风装置、风机、空气净化与过滤装置和空气加热器等。

1.3.1 风道

一般的风道材料应该满足下列要求：价格低廉，尽量能就地取材；防火性能好；便于加工制作；内表面光滑、阻力小；部分风管材料应能满足防腐性能好、保温性能强等特殊要求。

目前我国常用的风道材料有薄钢板、硬聚氯乙烯塑料板、胶合板、纤维板、矿渣石膏板、砖及混凝土等。

一般的通风系统多用薄钢板，输送腐蚀性气体的系统用涂刷防腐漆的钢板或硬聚氯乙烯塑料板。需要与建筑结构配合的场合也多用以砖和混凝土等材料制作的风道。一般情况下，通风管道以圆形或矩形为主。

在居住和公共建筑中，垂直的砖风道最好砌筑在墙内，但为避免结露和影响自然通风的作用压力，一般不允许设在外墙中，而应设在间壁墙里；相邻两个排风或进风的竖风道间距不能小于 1/2 砖，排风与进风的竖风道间距不小于 1 砖。

如果墙壁较薄，可在墙外设置贴附风道（图 1-2）。当贴附风道沿外墙设置时，需在风道壁与墙壁之间留 40mm 宽的空气保温层。

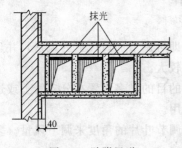

图 1-2 贴附风道

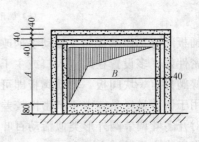

图 1-3 水平风道

设在阁楼里和不供暖房间里的水平排风道可用下列材料制作：如果排风的湿度正常，用40mm厚的双层矿渣石膏板（图1-3）；排风的湿度较大，用40mm厚的双层矿渣混凝土板；排风的湿度很大，可用镀锌薄钢板或涂漆良好的普通薄钢板，外面加设保温层。

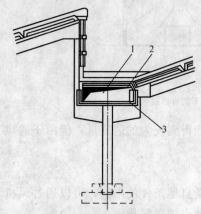

图1-4　与建筑结构结合
的钢筋混凝土风道
1—风道；2—钢筋混凝土风道壁；
3—风道底板

各楼层内性质相同的一些房间的竖排风道，可以在顶部（阁楼里或最上层的走廊及房间顶棚上）汇合在一起，对于高层建筑尚需符合防火规范的规定。

工业通风系统在地面以上的风道通常采用明装，风道用支架支承沿墙壁及柱子敷设，或者用吊架吊在楼板或桁架的下面（风道距墙较远时），布置时应尽量缩短风道的长度，但应以不影响生产过程和与各种工艺设备不相冲突为前提。此外，对于大型风道还应尽量避免影响采光。

在有些情况下，可以把风道和建筑结构密切地结合在一起，例如对采用锯齿形屋顶结构的纺织厂，便可很方便地将风道与屋顶结构合为一体，如图1-4所示。这样布置的风道，既不影响工艺和采光，又整齐美观。

敷设在地下的风道，应避免与工艺设备及建筑物的基础相冲突，也应与其他各种地下管道和电缆的敷设相配合，此外尚需设置必要检查口。

1.3.2　阀门

调节阀门一般安装在风道或风口上，用于调节风量，关闭风道、风口及分割风道系统的各个部分，还可用于启动风机和平衡风道系统的阻力。常用的风阀有插板阀、蝶阀和多叶调节阀三种，图1-5所示为插板阀和蝶阀的外形结构。

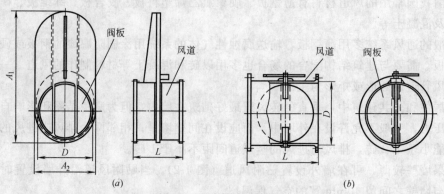

图1-5　风阀的外形结构
(a) 圆形插板阀；(b) 圆形蝶阀

插板阀也称作闸板阀。拉动手柄改变闸板位置，即可调节通过风道的风量，并且关闭时严密性好。多设置在风机入口或主干风道上，体积较大。

蝶阀只有一块阀板，转动阀板即可达到调节风量的目的。多设置在分支管上或送风口前，用于调节送风量。由于严密性较差，不宜作关断用。

对开多叶调节阀外形类似活动百叶风口，可通过调节叶片的角度来调节风量。多用于风机出口或主干风道上。

1.3.3　进排风装置

（1）进风装置

进风装置可以是单独的进风塔，也可以是设在外墙上的进风窗口，如图1-6所示。进风装置有时也可以设在屋顶上，为保证进风的洁净度，进风装置应选择在空气比较新鲜、尘土比较少、离废气排除口较远的地方。进风口的位置一般应高出地面2.5m，设于屋顶上的进风口应高出屋面1m以上。进风口上一般都装有百叶风格，防止雨、雪、树叶、纸片和砂土被吸入，在百叶格里面还装有保温门，作为冬季关闭进风口之用，进风口的尺寸由通过百叶格的风速为2～5m/s来确定。

（2）排风装置

排风装置即排风道的出口，经常做成风塔形式装在屋顶上。这时要求排风口高出屋面1m以上，以免污染附近空气环境，如图1-7所示。同样，为防止雨、雪或风沙等倒灌到排风口中，在出口处应设有百叶格或风帽。机械排风时，可直接在外墙上开口作为风口，如图1-8所示。

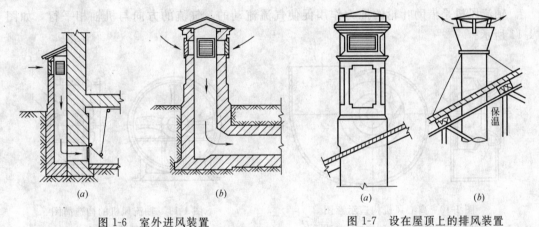

图1-6　室外进风装置　　　　　　　　　　图1-7　设在屋顶上的排风装置
（a）设在外墙上的进风窗口；（b）单独设置的进风塔

当进、排风塔都设在屋顶上时，为了避免进气口吸入污浊空气，它们之间的距离应尽可能远些，并且进风口应低于排风口，通常进排风塔的水平距离应大于10m。在特殊情况下，如果排风污染程度较轻时，则水平距离可以小些，此时排风塔出口应高于进风塔2.5m以上，如图1-9所示。

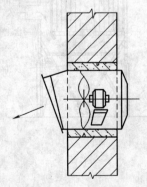
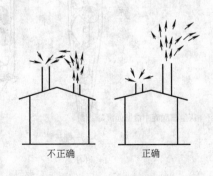

图1-8　外墙上的排风口　　　　　　　图1-9　屋顶上的进、排风塔位置

1.3.4 风机

风机是输送气体的机械，常用的风机有离心式和轴流式两种。

（1）离心风机

离心风机是由叶轮、机壳和吸气口三个主要部分所组成。离心风机主要借助叶轮旋转时产生的离心力使气体获得压能和动能，如图 1-10 所示。

不同用途的风机，在制作材料及构造上有所不同，例如：用于一般通风换气的普通风机（输送空气的温度不高于 80℃，含尘浓度不大于 150mg/m³），通常用钢板制作，小型的也有用铝板制作的；除尘风机要求耐磨和防止堵塞，因此钢板较厚，叶片较少并呈流线形；防腐风机一般用硬聚氯乙烯板或不锈钢板制作；防爆风机的外壳和叶轮均用铝、铜等有色金属制作，或外壳用钢板而叶轮用有色金属制作等等。

离心风机的机号，是用叶轮外径的分米数来表示的，不论哪一种形式的风机，其机号均与叶轮外径的分米数相等，例如 No6 的风机，叶轮外径等于 6dm（600mm）。

（2）轴流风机

轴流风机是借助叶轮的推力作用促使气流流动的，气流的方向与机轴相平行，如图 1-11 所示。

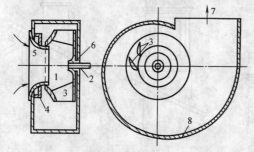 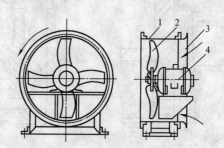

图 1-10　离心风机构造示意图 　　　　　　图 1-11　轴流风机的构造简图

1—叶轮；2—机轴；3—叶片；4—扩压环；　　　1—圆筒形机壳；2—叶轮；

5—吸气口；6—轮毂；7—出口；8—机壳 　　　　　3—吸气口；4—电动机

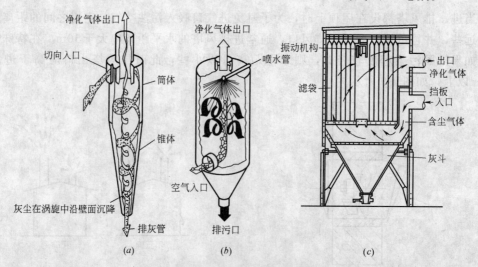

图 1-12　几种常用除尘器

（a）普通旋风除尘器；（b）喷淋式除尘器；（c）振动清灰袋式除尘器

轴流风机与离心风机在性能上的差别，主要是前者产生的全压小，后者产生的全压较大。因此轴流风机只用于无需设置风道或风道阻力较小的系统，而离心风机往往用在阻力较大的系统中。

1.3.5 空气过滤与净化装置

为了防止大气污染和回收有用的物质，排风系统的空气在排入大气前，应根据实际情况采取必要的净化、回收和综合利用措施。

使空气中的粉尘与空气分离的过程称为含尘空气的净化或除尘，目的是防止大气污染并回收空气中的有用物质。常用的除尘设备有旋风除尘器、湿式除尘器、过滤式除尘器和电除尘器等。其中旋风除尘器利用气流旋转时作用在尘粒上的离心力使尘粒从气流中分离出来；湿式除尘器通过含尘气体与液体接触使尘粒从气流中分离；过滤式除尘器和电除尘器与空调系统中的空气过滤器机理相似。图 1-12 是几种除尘器的原理示意图。

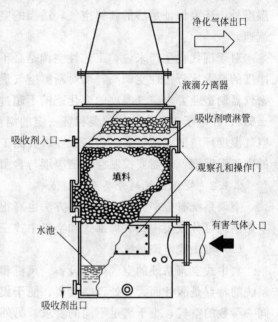

消除有害气体对人体及其他方面的危害，称为有害气体的净化。净化设备有各种吸收塔、活性炭吸附器等。其原理是利用一些溶液表面对某种气体的吸收作用来去除这些气体。图 1-13 是典型的逆流填料塔的原理图。吸收剂从塔的上部喷淋，加湿填料，气体从填料间隙上升，与填料表面的液膜接触而被吸收。

图 1-13 典型的逆流填料吸收塔

在有些情况下，由于受各种条件限制，不得不把未经净化或净化不够的废气直接排入高空，通过在大气中的扩散进行稀释，使降落到地面的有害物质的浓度不超过标准中的规定。这种处理方法称为有害气体的高空排放。

课题 2 空气调节系统

2.1 空气调节的概念及系统分类

2.1.1 空气调节的概念

空气调节是为满足生产、生活需求，改善劳动卫生条件，用人工的方法使室内空气温度、相对湿度、洁净度和气流速度等参数达到一定要求的技术。

对这些参数产生干扰的来源有两个：一是室外气温变化、太阳辐射通过建筑维护结构对室温的影响与外部空气带入室内的有害物；二是内部空间的人员、设备与工艺过程产生的热、湿与有害物。大多数空调房间，主要是调节空气的温度和相对湿度。对温度和相对湿度的要求，常用"空调基数"和"允许波动范围"来表示。前者是要求保持的室内温度和相对湿度的基准值，后者是允许工作区内控制点的实际参数偏离基准参数的差值。

空气调节系统的任务是对空气进行加热、冷却、加湿、干燥和过滤等处理，然后将经过处理的空气输送到各个房间，以保持房间内空气温度、湿度、洁净度和气流速度稳定在一定范围内，以满足各类房间对空气环境的不同要求。

一般把为生产和科学实验过程服务的空调称为"工艺性空调"，而把为保证人体舒适的空调称为"舒适性空调"。工艺性空调往往需要同时满足工作人员的舒适性要求，因而二者又是关联、统一的。

舒适性空调目前已普遍应用于公共与民用建筑中，对空气的要求除了要保证一定的温湿度外，还要保证足够的新鲜空气，适当的空气成分，以及一定洁净度、一定范围的空气流速。

对于现代化生产来说，工艺性空调是必不可少的。工艺性空调一般来说对温湿度、洁净度的要求比舒适性空调高，而对新鲜空气量没有特殊的要求。如：精密机械加工业与精密仪器制造业要求空气温度的变化范围不超过±(0.1～0.5)℃，相对湿度变化范围不超过±5%；在电子工业中，不仅要保证一定的温湿度，还要保证空气的洁净度；纺织工业对空气湿度环境的要求较高；药品工业、食品工业以及医院的病房、手术室则不仅要求一定的空气温湿度，还需要控制空气洁净度与含菌数。

2.1.2 空调系统的分类及其特点

空调系统有很多类型，其分类方法也有很多种。若按空气处理设备的集中程度来分，空调系统可分成集中式、局部式和半集中式三大类型。

（1）集中式空调系统

集中式空调系统的空气处理设备、风机和水泵等都集中设在专用的机房内。这种空调系统的特点是服务面大、处理空气多、便于集中管理，但它的主要缺点是：往往只能送出同一参数的空气，难于满足不同的要求，另外由于是集中式供热、供冷，只适宜于满负荷运行的大型场所。

图 1-14 为集中式空调系统的示意图。

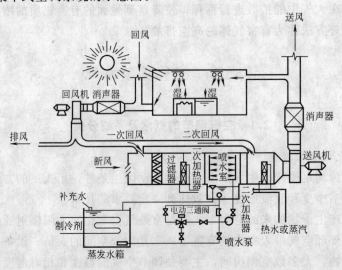

图 1-14　集中式空调系统

按照利用回风的情况不同，集中式空调系统又可分为三类：封闭式、直流式和回风式。

封闭式系统如图 1-15（a）所示，送风全部来自空调房间，而不补给新风。封闭式系统运行费最低，但卫生条件最差。

直流式系统的新风全部来自室外，经处理达到所需的温、湿度和洁净度后，由风机送入空调房间。在室内吸收了余热、余湿后，全部经排风口排至室外，如图 1-15（b）所示。直流式系统空调卫生条件最好，但运行费最高。

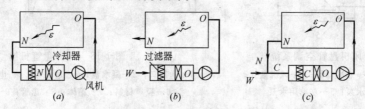

图 1-15　根据新风量使用的多少分类示意图
(a) 封闭式；(b) 直流式；(c) 回风式

回风式系统的特点是在送风中除一部分室外空气外，还利用一部分室内回风，如图 1-15（c）所示。回风系统由于利用了一部分回风，设备投资和运行费用比直流式大为减少。

回风式系统还可分为一次回风系统和二次回风系统。将回风全部引至空气处理设备之前与室外空气混合，称为一次回风。将回风分为两部分，一部分引至空气处理设备之前，另一部分引至空气处理设备之后，称为二次回风系统。

（2）局部式空调系统

当一幢建筑物内只有少数房间需要空调，或空调房间很分散，此外对一些季节性较强的旅游宾馆宜采用局部式空调系统。

这种系统是把冷源、热源、空气处理、风机和自动控制等所有设备装成一体，组成空调机组，由工厂定型生产，现场整机安装。图 1-16 是一局部空调系统的示意图。空调机组一般装在需要进行空气调节的房间或邻室内，就地处理空气，可以不用或只用很短的风道就把处理后的空气送入空调房间内。

局部空调系统的主要优点有：安装方便，灵活性大，房间之间无风道相通，有利于防火；其缺点是：故障率高、日常维护工作量大、噪声大。

（3）半集中式空调系统

半集中式空调系统是在克服集中式和局部式空调系

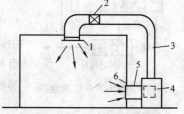

图 1-16　局部空调系统示意图
1—送风口；2—电加热器；3—送风管道；
4—空调机组；5—回风道；6—回风口

统的缺点而取其优点的基础上发展起来的。它包括风机盘管系统和诱导系统两种。

1）风机盘管空调系统　风机盘管空调系统如图 1-17 所示，它主要由下列部件组成：冷水机组、锅炉换热器、水泵及其管路系统、风机盘管机组。

冷水机组用来供给风机盘管需要的低温水，室内空气通过空调器中注满低温水的换热器时，使室内空气降温冷却。

锅炉用于供给风机盘管制热时所需的热水，热水的温度通常为 60℃左右。

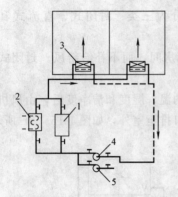

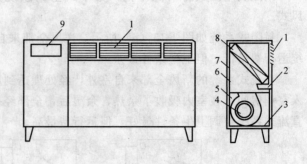

图 1-17　风机盘管空调系统

1—热水锅炉；2—水冷却器；3—风机盘管；

4—冬季用水泵；5—夏季用水泵

图 1-18　风机盘管机组

1—送风口；2—凝水盘；3—过滤器；4—电机；5—风机

6—吸声材料；7—箱体；8—盘管；9—调节器

水泵的作用是使冷水（热水）在制冷（热）系统中不断循环。管路系统有双管、三管和四管系统，目前我国使用较为广泛的是双管系统。双管系统采用两根水管，一根回水管，一根供水管。夏季送冷风，冬季送热风。

风机盘管系统是空调系统的一种末端装置。它由风机、盘管（换热器）以及电动机、空气过滤器、室温调节器和箱体组成，如图 1-18 所示。

风机盘管机组工作的原理，是借助机组不断地循环室内空气，使之通过盘管被冷却或加热，以保持室内有一定的温、湿度。盘管使用的冷水和热水，由集中冷源和热源供应。机组有变速装置可以调节风量，以达到调节冷、热量和噪声的目的。

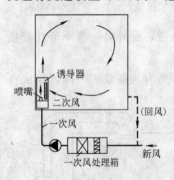

图 1-19　诱导器系统原理图

风机盘管系统的优点是：冷源和热源集中，便于维护和管理；布置灵活，各空调房间能独立调节互不影响；机组定型化、规格化、易于选择和安装。但这种关系也存在有维护工作量大、气源分布受限制等不足之处。

2）诱导器系统　图 1-19 是诱导器系统的原理图。经过集中处理的空气（一次风）由风机送入空调房间的诱导器中。诱导器是分设于各室的局部设备（或称末端装置），它由静压箱、喷嘴和盘管（又称二次盘管，也有的不设盘管）等组成。一次风进入诱导器的静压箱，经喷嘴以高速射出（20～30m/s）。由于喷出气流的引射作用，在诱导器内造成负压，室内空气（即回风，又称二次风）被吸入诱导器，一、二次回风相混合由诱导器风口送出。

送入诱导器的一次风通常就是新风，在必要时也可以使用部分回风，但采用回风时风道系统较复杂。

诱导器有两种，按诱导器内是否设置盘管分为：全空气诱导器系统和空气-水诱导器系统。

无论何种空调系统，均需要有一种或多种流体作为载体或介质带走作为空调负荷的室内产热、产湿或有害物，达到控制室内环境的目的。若按处理空调负荷的介质对空调系统进行分类，则可分为全空气系统、全水系统、空气-水系统与制冷剂系统。

14

A. 全空气系统是指完全由处理过的空气作为承载空调负荷的介质的系统。由于空气的比热容较小，需要用较多的空气才能达到消除余热余湿的目的，因此这种系统要求风道断面较大或风速较高，从而会占据较多的建筑空间。

B. 全水系统是指完全由处理过的水作为承载空调负荷的介质的系统。由于水的比热容较大，因此管道所占建筑空间较小，但不能解决房间的通风换气问题，因此通常不单独采用这种方法。

C. 空气-水系统是指由处理过的空气负担部分空调负荷，而由水负担其余部分负荷的系统。这种方法可以减少集中式空调机房与风道所占据的建筑空间，又能保证室内的新风换气要求。

D. 制冷剂系统（又称直接蒸发机组系统）是指由制冷剂直接作为承载空调负荷的介质的系统。分散安装的局部空调器内部带有制冷机，制冷机通过直接蒸发器与房间空气进行热湿交换，达到冷却除湿的目的，所以属于制冷剂系统。由于制冷剂不易长距离输送，因此不易作为集中式空调系统来使用。

2.2 空调系统的主要设备

空气处理设备包括对空气进行加热、冷却、加湿、减湿及过滤净化等设备。实际的空气处理过程都是各种单一过程的组合，如：夏季最常用的冷却除湿过程就是降温与除湿过程的组合。在实际空气处理过程中有些过程往往不能单独实现，例如降温有时伴随着除湿或加湿。

2.2.1 空气的加热

单纯的加热过程是容易实现的。主要的实现途径是用表面式空气加热器、电加热器加热空气。如果用温度高于空气温度的水喷淋空气，则会在加热空气的同时又使空气的湿度升高。

（1）空气加热器

表面式空气加热器用热水或蒸汽作热媒，可实现对空气的等湿加热，具有构造简单、占地少、水质要求不高、水系统阻力小等优点，已成为常用的空气处理设备。

图1-20为肋管式换热器，肋管式换热器由管子和肋片构成，根据加工方法不同肋片管又分为绕片管、串片管和轧片管等。肋片能改善换热效果，增大换热面积。

（2）电加热器

为了满足空调房间对温、湿度的要求，送入房间的空气不仅在冬季需要加热，有时在夏季也需要有少量加热。除了用表面式换热器对空气加热外，通常还采用电加热器来加热空气。

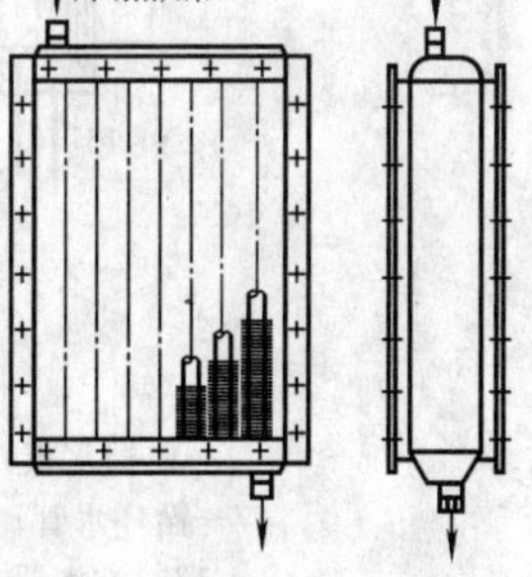

图1-20 肋管式换热器

电加热器是让电流通过电阻丝发热而加热空气的设备。它有结构紧凑、加热均匀、热量稳定、控制方便等优点。但是由于电加热器利用的是高品位能源，所以只宜在一部分空调机组和小型空调系统中采用。在恒温精度要求较高的大型空调系统中，也常用电加热器控制局部加热或做末级加热器使用。电加热器有两种基本形式：裸线式和管式。图1-21为管式加热器示意图。

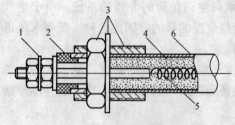

图 1-21 管式电加热器
1—接线端子；2—瓷绝缘子；3—紧固装置；
4—绝缘材料；5—电阻丝；6—金属套管

2.2.2 空气的冷却

采用表面式空气冷却器或用温度低于空气温度的水喷淋空气，均可使空气温度下降。如果表面式空气冷却器的表面温度低于空气的露点温度，或喷淋水的水温等于空气的露点温度，则空气在冷却过程中同时还会被除湿。如果喷淋水温高于空气的露点温度，则空气在被冷却的同时还会被加湿。

表面式空气冷却器是用冷水或制冷剂作冷媒，因此又可分为冷水式与直接蒸发式两种。其中直接蒸发式冷却器就是制冷系统中的蒸发器。使用表面式冷却器可实现空气的干式冷却或除湿冷却过程，过程的实现取决于表面式冷却器的表面温度是高于还是低于空气的露点温度。

空调机组中的空气冷却器也是直接蒸发式空气冷却器。

2.2.3 空气的加湿

单纯的加湿过程可通过向空气加入干蒸汽来实现。此外，利用喷水室喷循环水也是常用的加湿方法。通过直接向空气喷入水雾（高压喷雾、超声波雾化），可实现等焓加湿过程。

（1）喷水室

在集中式空调系统中，空气与水直接接触的喷水室得到普遍应用。喷水室的空气处理方法是向流过的空气直接喷淋大量的水滴，被处理的空气与水滴接触，进行热湿交换，达到要求的状态。喷水室由喷嘴、水池、喷水管路、挡水板、外壳等组成，如图1-22所示。

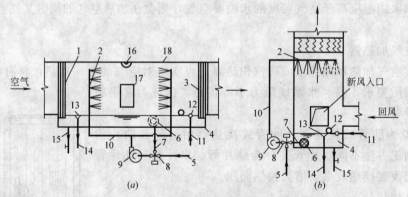

图 1-22 喷水室的构造
1—前挡水板；2—喷嘴与排管；3—后挡水板；4—底池；5—冷水管；6—滤水器；
7—循环水管；8—三通混和阀；9—水泵；10—供水管；11—补水管；12—浮球阀；
13—溢水器；14—溢水管；15—泄水管；16—防水灯；17—检查门；18—外壳

由图1-22可见，在喷水室横断面上均匀地分布着许多喷嘴，而冷冻水经喷嘴成水珠喷出，充满整个喷水室间。当被处理的空气经前挡水板进入喷水室后，全面与水珠接触，它们之间进行热湿交换，从而改变了空气状态。经水处理后的空气由后挡水板析出所加带的水珠，再进行其他处理，最后由通风机的作用送入空调房间。

喷水室的优点是能够实现多种空气处理过程、具有一定的空气净化能力、耗费金属最少、容易加工等；其缺点是占地面积大、对水质要求高、水系统复杂和水泵耗电大等，而且要定期更换水池中的水，清洗水池，耗水量比较大。因此目前在一般建筑已不常使用喷水室，但在纺织厂、卷烟厂等以调节湿度为主要任务的场合仍大量使用。

（2）蒸汽加湿

蒸汽喷管是最简单的一种加湿装置。它是由直径略大于供汽管的管段组成，管段上开许多小孔。蒸汽在管网压力的作用下由小孔中喷出，小孔的数目和孔径大小应由需要的加湿量大小来决定。

蒸汽喷管虽然构造简单，容易加工，但喷出的蒸汽中带有凝结水滴，影响加湿效果的控制。为了避免蒸汽喷管内产生凝结水滴和蒸汽管网内的凝结水流入喷管，可在喷管外面加上一个保温套管，做成所谓的干蒸汽喷管，此时的蒸汽喷孔孔径可大一些。

干蒸汽加湿器由干蒸汽喷管、分离室、干燥室和电动或气动调节阀组成，如图 1-23 所示。它的优点是节省动力用电，加湿迅速、稳定，设备简单，运行费用低，因此在空调工程中得到广泛的使用。

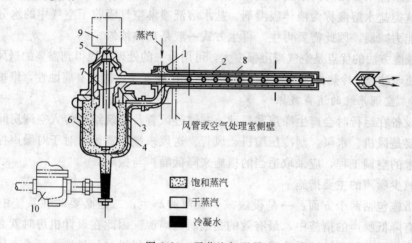

图 1-23　干蒸汽加湿器
1—接管；2—外套；3—挡板；4—分离室；5—阀孔；6—干燥室；
7—消声腔；8—喷管；9—电动或气动执行机构；10—疏水器

2.2.4　空气的除湿

空气除湿除了可以用表冷器与喷冷水对空气进行减湿处理外，还可以使用液体或固体吸湿剂来进行除湿。液体吸湿剂是利用某些盐类水溶液对空气中的水蒸气的强烈吸收作用来对空气进行除湿的，方法是根据要求的空气处理过程不同（降温、加热还是等温），用一定浓度和温度的盐水喷淋空气。固体吸湿剂是利用有大量孔隙的固体吸附剂如硅胶，对空气中的水蒸气的表面吸附作用来除湿的。由于吸附过程近似为一等焓过程，故空气在干燥过程中温度会升高。

（1）冷冻除湿机

冷冻除湿的原理是，当空气温度降低到它的露点温度以下时，空气中的水分被冷凝出来，含湿量从而降低。冷冻除湿机是由制冷系统与送风装置组成的。其中制冷系统的蒸发器能够吸收空气中的热量，并通过压缩机的作用，把所吸收的热量从冷凝器排到外部环境中去。经处理后的空气虽然温度较高，但湿度很低，由此可见，在既需要减湿又需要加热的地方使用冷冻减湿机比较合理。相反，在室内产湿量大、产热量也大的地方，最好不用冷冻减湿机。

（2）固体吸湿剂

固体吸湿剂有两种类型：一种是具有吸附性能的多孔材料，如硅胶（SiO_2）、铝胶（Al_2O_3）等，吸湿后材料的固体形态并不改变；另一种是具有吸湿能力的固体材料，如氯化钙（$CaCl_2$）等，这种材料在吸湿后，由固态逐渐变为液态，最后失去吸湿能力。

固体吸湿剂的吸湿能力不是固定不变的，在使用一段时间后失去了吸湿能力时，需进行"再生"处理，即用高温空气将吸附的水分带走（如对硅胶），或用加热蒸煮法使吸收的水分蒸发掉（如氯化钙）。

（3）液体减湿系统

液体减湿系统的构造与喷水室类似，但多了一套液体吸湿剂的再生系统。其工作原理是一些盐水溶液表面的饱和水蒸气分压力低于同温度下的水表面饱和水蒸气分压力，因此当空气中的水蒸气分压力高于盐水表面的水蒸气分压力时，空气中的水蒸气将会析出被盐水吸收。这类盐水溶液称为液体吸湿剂。盐水溶液喷淋空气吸收了空气中的水分后浓度下降，吸湿能力减弱，因此需要再生。再生方式一般是加热浓缩。

这种减湿方法的优点是空气减湿幅度大，可用单一的处理过程得到需要的送风参数，避免了空气处理过程中冷热抵消的现象。缺点是系统比较复杂，盐水有腐蚀性，维护麻烦。

2.2.5 空调系统的消声减振

空调设备在运行时会产生噪声和振动，并通过风管及建筑结构传入空调房间。噪声与振动源主要是风机、水泵、制冷压缩机、风管、送风末端装置等。对于对噪声控制和防止振动有要求的空调工程，应采取适当的措施来降低噪声与振动。

（1）减少噪声的主要措施

消声措施包括两个方面：一是设法减少噪声的产生；二是必要时在系统中设置消声器。在所有降低噪声的措施中，最有效的是削弱噪声源。因此在设计机房时就必须考虑合理安排机房位置，机房墙体采取吸声、隔声措施，选择风机时尽量选择低噪声风机，并控制风道的气流流速。

为减小风机的噪声，可采取下列一些措施：选用高效率、低噪声形式的风机，并尽量使其运行工作点接近高效率点；风机与电动机的传动方式最好采用直接连接，如不可能，则采用联轴器连接或带轮传动；适当降低风管中的空气流速，有一般消声要求的系统，主风管中的流速不宜超过 8m/s，以减少因管中流速过大而产生的噪声；有严格消声要求的系统，不宜超过 5m/s；将风机安装在减振基础上，并且风机的进、出风口与风管之间采用软管连接；在空调机房内和风管中粘贴吸声材料，以及将风机设在有局部隔声措施的小室内等等。

（2）消声器

消声器的构造形式很多，按消声原理可分为如下几类：

1）阻性消声器 阻性消声器是用多孔松散的吸声材料制成的，如图 1-24（a）所示。当声波传播时，将激发材料孔隙中的分子振动，由于摩擦阻力的作用，使声能转化为热能而消失，起到消减噪声的作用。这种消声器对于高频和中频噪声有一定的消声效果，但对低频噪声的消声性能较差。

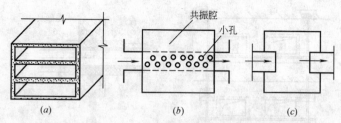

图 1-24　消声器的构造示意图

(a) 阻性消声器；(b) 共振性消声器；(c) 抗性消声器

2）共振性消声器　如图 1-24（b）所示，小孔处的空气柱和共振腔内的空气构成一个弹性振动系统。当外界噪声的振动频率与该弹性振动系统的振动频率相同时，引起小孔处的空气柱强烈共振，空气柱与孔壁发生剧烈摩擦，声能就因克服摩擦阻力而消耗。这种消声器有消除低频的性能，低频率范围很窄。

3）抗性消声器　当气流通过风管截面积突然改变之处时，将使沿风管传播的声波向声源方向反射回去而起到消声作用，这种消声器如图 1-24（c）所示，对消除低频噪声有一定的效果。

4）宽频带复合式消声器　宽频带复合式消声器是上述几种消声器的综合体，以便集中它们各自的性能特点和弥补单独使用时的不足，如阻、抗复合式消声器、共振式消声器等。这些消声器对于高、中、低频噪声均有较良好的消声性能。

（3）减振的主要措施

空调系统的噪声除了通过空气传播到室内外，还能通过建筑物的结构的基础进行传播。例如转动的风机和压缩机所产生的振动可直接传给基础，并以弹性波的形式从机器基础沿房屋结构传到其他房间去，又以噪声的形式出现，称为固体声。

削弱由机器传给基础的振动，是用消除它们之间的刚性连接来达到的。即在振源和它的基础之间安设避振构件（如弹簧减振器或橡皮、软木等），可使从振源传到基础的振动得到一定程度的减弱。

常用的减振装置有橡皮、软木减振基座和阻尼弹簧减振器等。

一个空调系统产生的噪声是多方面的，除了风机出口装帆布接头，管路上装消声器以及风机、压缩机、水泵基础考虑防振外，有条件时，对要求较高的工程，压缩机和水泵的进出管路处均应设有隔振软管。此外，为了防止振动由风道和水管等传递出去，在管道吊卡、穿墙处均应作防振处理，图 1-25 中列举了有关这方面的措施，可供参考。

2.2.6　空调系统的防火排烟

由于空调风道直接连接各房间，而且风道的断面积比较大，所以当火灾发生时，风道极易传播烟气，成为烟气扩散的通道。因此，以水作为热媒的空调方式（如风机盘管系统），其防灾性能比较理想。但空调方式的采用，除考虑防灾性能以外，还需要考虑经济性、调节性能、耐久性以及维修管理等综合因素。因此采取可靠的防烟措施是非常必要的。一般认为，在高层建筑中，一个空调系统负担 4～6 层楼时，投资比较经济，防灾性能尚好。

（1）空调系统的防火设计

空调系统的服务范围横向应与建筑上的防火分区一致，纵向不宜超过 5 层。空调风道应尽力避免穿越分区，风道不宜穿越防火墙和变形缝。图 1-26 是防火分区与空调系统结合的实例示意图。

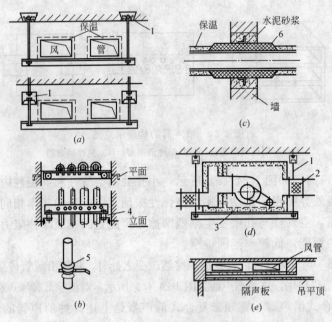

图 1-25　各种消声防振的辅助措施

(a) 风管吊卡的防振方法；(b) 水管的防振支架；(c) 风道穿墙隔振方法；

(d) 悬挂风机的消声防振方法；(e) 防止风道噪声从吊平顶向下扩散的隔声方法

1—防振吊卡；2—软接头；3—吸声材料；4—防振支座；5—包裹弹性材料；6—玻璃纤维棉

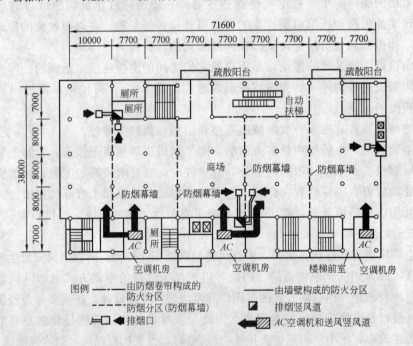

图 1-26　防火分区和空调结合的实例

当风道不能避免穿越分区或变形缝时，在风道上要设置防火、防烟风门。风道在穿越防火处要设置一个防火阀，而在穿越变形缝处两侧都要设置防火阀，因为变形缝有很强的拔火作用。垂直风管应设在管井内。管井壁应为耐火极限不低于 1h 的耐火材料，井壁上的检查门应采用丙级防火门。管井内应在每隔2~3层楼板处用相当于楼板耐火等级的耐火材料作防火分隔。

空调机房的楼板的耐火极限不应小于2h，隔墙的耐火极限不应小于3h，门应采用耐火极限不小于0.9h的防火门。

通风和空调的送、回风总管在穿越机房和重要的或火灾危险性较大的房间的隔墙、楼板处，以及垂直风道与每层水平风道交接处的水平支管上，均应设防火、防烟风门。

表1-1为通风空调系统中常用的防火、排烟装置。防火排烟阀一般设置在隔墙处或防火分区或防烟分区的界面处。

通风空调系统中常用的防火、排烟装置   表 1-1

类别	名　称	性　能　与　用　途
防火类	防火调节阀 FVD	70℃温度熔断器自动关闭(防火)，可输出联动信号，用于通风空调系统风管内，防止火焰沿风管蔓延
	防火阀 FD	
	防烟防火阀 SFD	靠烟感器控制动作，用电信号通过电磁关闭(防烟)；还可用70℃温度熔断器自动关闭(防火)，用于通风空调管内，防止火焰沿风管蔓延
防烟类	加压送风口	靠烟感器控制动作，电信号开启，也可手动(或远距离缆绳)开启；可设280℃温度熔断器重新关闭装置，输出动作电信号，用于加压送风系统的风口，起赶烟、防烟的作用
排烟类	排烟阀	电信号开启或手动开启，输出开启电信号联动排烟机开启，用于排烟系统风管上
	排烟防火阀	电信号开启或手动开启，280℃温度熔断器重新关闭，输出动作电信号，用于排烟机吸入口处管道上
	排烟口	电信号开启或手动(或远距离缆绳)开启，输出电信号联动排烟机，用于排烟房间或走廊的顶棚和墙壁上，可设280℃温度熔断器重新关闭装置
	排烟囱	靠烟感器控制动作，电信号开启，也可用缆绳手动开启，用于自然排烟处的外墙上

(2) 防火排烟方式

1) 机械加压方式　这种方式是采用机械送风系统向需要保护的地点（如疏散楼梯间以及前室、消防电梯前室、走廊和非火灾层等）输送大量新鲜空气。用于机械加压方式的加压送风机，除克服系统风管阻力损失外，应有以下余压：防烟楼梯间为50Pa；前室或合用前室为25Pa；封闭式避难层为25Pa。

2) 机械减压方式　这种方式是在排烟区段内设置机械排风装置，排烟口平时关闭，当火灾发生时仅开启着火层的排烟口，并启动排烟风机，将四处蔓延的烟气通过排烟系统排向建筑物外。当疏散楼梯间、前室等部位用此法排烟时，其墙、门等部件应有密闭措施，以防因负压而引入烟气。这种排烟方式应与自然补风方式和机械补风方式相结合，以达到良好的排烟效果。

3) 自然排烟方式　自然排烟方式是利用外窗、阳台、凹廊或专用排烟口、竖井等将烟气排走或稀释烟气的浓度。竖井是利用火灾时热压差产生的抽力来排烟的，它具有较强的排除烟热的能力；而利用外窗、阳台、凹廊等排烟时，在风向不利时达不到应有的效果。

4) 空调系统在火灾时改作排烟系统　为了充分发挥空调系统的作用，应考虑在火灾发生时将它转为排烟系统。当其作此改变时，一般可将房间上部的送风口作为排烟口。为了使烟气不经过空调器，应设置排烟用的旁通风道，以免高温烟气损坏空调设备，或通过空调器向其他部位蔓延。同时各转换气流调节装置应采用联动遥控方式。此外，应增加铁板风管的壁厚及选用耐高温风机，保温材料宜为不可燃材料。

2.3 空调的水系统

2.3.1 空调水系统的形式

空调的水系统包括冷冻水系统和冷却水系统两个部分，根据不同的情况可以设计成不同形式。

（1）闭式水系统

闭式水系统如图 1-27 所示，它的管路系统不与大气相接触，仅在系统最高点设置膨胀水箱。其优点是：管道与设备的腐蚀机会少；不需克服静水压力，水泵压力、功率均低；系统简单。该系统的缺点是：与蓄热水池连接比较复杂。

（2）开式水系统

开式水系统如图 1-28 所示，它的管路系统与大气相通。其优点是：与蓄热水池连接比较简单。其缺点是：水中含氧量高，管路与设备的腐蚀机会多；需要增加克服水静压力的额外能量；输送能耗大。

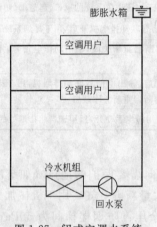

图 1-27 闭式空调水系统

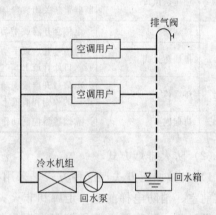

图 1-28 开式空调水系统

（3）同程式水系统

同程式系统如图 1-29 所示，它的供、回水干管中的水流方向相同，经过每一环路的管路长度相等。该系统的优点是：水量分配、调节方便；便于水力平衡。其缺点是：需设回程管，管道长度增加；初投资稍高。

（4）异程式水系统

图 1-30 为异程式水系统，它的供、回水干管中的水流方向相反，每一环路的管路长度不等。该系统的优点是：不需回程管，管道长度较短，管路简单；初投资稍低。其缺点是：水量分配、调节较难；水力平衡较麻烦。

（5）两管制水系统

图 1-28 为两管制空调水系统，在该水系统中供冷、供热合用同一管路系统。其优点是：管路系统简单；初投资省。缺点是：无法同时满足供冷、供热的要求。

（6）三管制水系统

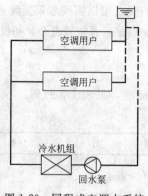

图 1-29　同程式空调水系统

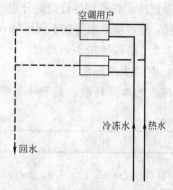

图 1-30　三管制空调水系统

三管制水系统如图 1-30 所示，分别设置供冷、供热管路与换热器，但供冷、热回水的管路共用。该系统的优点是：能满足同时供冷、供热的要求；管路系统较四管式简单。该系统的缺点是：有冷、热混合损失；投资高于两管式；管路布置较复杂。

（7）四管制水系统

四管制水系统如图 1-31 所示，其中供冷、供热的供、回水管均分开设置，具有冷、热两套独立的系统。该系统的优点是：能灵活实现同时供冷和供热；没有冷、热混合损失。缺点是：管路系统复杂；初投资高；占用建筑空间较多。

（8）定流量水系统

定流量水系统中的循环水量保持定值，负荷变化时，通过改变供或回水温度来匹配。该系统的优点是：系统简单，操作方便；不需复杂的自控设备。缺点是：配管设计时不能考虑同时使用系数；输送能耗始终处于设计的最大值。

（9）变流量水系统

图 1-32 为变流量水系统简图，其中的供、回水温度保持定值，负荷改变时，通过供水量的变化来适应。该系统的优点是：输送能耗随负荷的减少而降低；配管设计时，可以考虑同时使用系数，管径相应减小；水泵容量、电耗也相应减少。其缺点是：系统较复杂；必须配备自控设备。

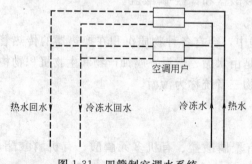

图 1-31　四管制空调水系统

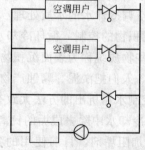

图 1-32　变流量空调水系统

（10）单式泵水系统

单式泵水系统冷、热源侧与负荷侧合用一组循环水泵。其优点是：系统简单；初投资省。其缺点是：不能调节水泵流量；难以节省输送能耗；不能适应供水分区压降较悬殊的情况。

（11）复式泵水系统

该系统冷、热源侧与负荷侧分别配备循环水泵。其优点是：可以实现水泵变流量；能节省输送能耗；能适应供水分区不同压降；系统总压力低。其缺点是：系统较复杂，初投资稍高。

2.3.2　空调循环水的处理

（1）空调水质标准

冷冻水的水质标准，见表1-2所列；冷却水的水质标准，见表1-3所列。

空调冷冻水水质标准

表1-2

项　　目	基　准　值	项　　目	基　准　值
酸碱度 pH(25℃)	7.5	氯离子(Cl^-,mg/L)	<50
全硬度(以 $CaCO_3$ 计,mg/L)	10～40	硫酸根离子(SO_4^{2-},mg/L)	<50
铜离子(Cu^{2+},mg/L)	<0.1	总碱度(以 $CaCO_3$ 计,mg/L)	15～40
全铁 Fe(mg/L)	<1.0	氨(NH_4,mg/L)	<0.1

空调冷却水水质标准

表1-3

项　　目	基准值	补充水	项　　目	基准值	补充水
酸碱度 pH(25℃)	6.0～8.0	6.0～8.0	氯离子(Cl^-,mg/L)	<200	<50
全硬度(以 $CaCO_3$ 计,mg/L)	<200	<50	硫酸根离子(SO_4^{2-},mg/L)	<200	<50
电导率(25℃,S/m)	<500	<200	总碱度(以 $CaCO_3$ 计,mg/L)	<100	<50
全铁 Fe(mg/L)	<1.0	<0.3	二氧化硅(SiO_2,mg/L)	<50	<30

（2）空调冷冻水的水质处理

空调冷冻水通常是闭式循环系统，系统内的水一般经软化处理，又由于空调水温不是太高，因此结垢的问题相对不是太突出。但由于系统的不严密及停运时的管理不善，往往会造成管路的腐蚀。腐蚀产物有的进入水中，有的粘附在设备上，时间一长，会影响冷冻水系统的正常运行。所以，冷冻水有必要进行水质处理，以抑制和减缓问题的产生。

空调冷冻水的水质处理，除了采用软化水外，一般还投加缓蚀剂或复合水处理剂。

常用缓蚀剂主要有铬酸盐、亚硝酸盐、硅酸盐、钼酸盐、锌盐、磷酸盐、聚磷酸盐、有机膦酸和硫酸亚铁。

常用的控制循环水系统中腐蚀与结垢的复合水处理药剂有铬酸盐-锌盐、铬酸盐-锌盐-磷酸盐、聚磷酸盐-锌盐、聚磷酸盐-磷酸盐-聚羧酸盐和锌盐-磷酸盐。

（3）空调冷却水的水质处理

1）沉积物的控制　循环冷却水在运行过程中，会有各种物质沉积在换热器的传热管表面，这些物质统称为表面沉积物。它们主要是由水垢、淤泥、腐蚀产物和生物沉积物构成。通常，人们把淤泥、腐蚀产物和生物沉积物三者统称为污垢。

A. 控制水垢析出的方法大致有以下几类：

a. 从冷却水中除去成垢的钙离子。

b. 投加阻垢剂，目前使用的各种阻垢剂有聚膦酸盐、有机多元膦酸、有机膦酸酯、聚丙烯酸盐等。

B. 污垢的形成主要是由尘土、杂物碎屑、菌藻尸体及其分泌物和细微水垢、腐蚀产物等构成。因此，要控制好污垢，必须做到以下几点：

a. 降低补充水浊度；

b. 做好循环水水质处理；

c. 投加分散剂；

d. 增加过滤设备。

2）金属腐蚀的控制　循环冷却水系统中金属腐蚀的控制方法很多，常用的主要有以下四种：

A. 增加缓蚀剂。

B. 提高冷却水的 pH 值。开式循环冷却水系统是通过水在冷却塔内的曝气过程而提高其 pH 值的。

C. 选用耐蚀材料的换热器。

D. 用防腐阻垢涂料涂覆。

这些防腐控制方法各有其优缺点和适应条件，可根据具体情况灵活应用。一般，缓蚀剂主要应用于循环冷却水系统中，而较少应用于直流式冷却水系统中。涂料涂覆则主要应用于控制开式循环冷却水系统和直流冷却水系统中碳钢换热器的腐蚀。是否采用耐蚀材料换热器，则往往同时取决于工艺介质和冷却水两者的腐蚀性。在工业介质腐蚀性很强的情况下，采用氟塑料换热器或聚丙烯换热器，不但可以解决工艺介质一侧的腐蚀问题，而且还可以解决冷却水一侧的腐蚀问题。这是冷却水系统中腐蚀控制的一个新发展方向。但是这些塑料换热器仅适应于一般换热条件（例如温度和压力）不太苛刻的场合。提高冷却水 pH 值的腐蚀控制方案，则主要适用于循环冷却水系统中的碳钢换热器，而不宜用于直流冷却水系统中。

3）微生物的控制　并不是所有的微生物都会引起冷却水系统故障，但在工业冷却水系统运行时，常会遇到一些引起故障的微生物。它们是细菌、真菌和藻类。

冷却水系统中金属微生物腐蚀的形态可以是严重的均匀腐蚀，也可以是缝隙腐蚀和应力腐蚀破裂，但主要是点蚀。

冷却水系统中还存在有微生物黏泥。微生物黏泥是指由水中溶解的营养源而引起的细菌、丝状菌（霉菌）、藻类等微生物群的增殖，并以这些微生物为主体，混有泥砂、无机物和尘土等，形成附着的或堆积的软泥性沉积物。冷却水系统中的微生物黏泥不仅会降低换热器和冷却塔的冷却作用、恶化水质，而且还会引起冷却水系统中设备的腐蚀和降低水质稳定剂的缓蚀、阻垢和杀生作用。

冷却水系统中微生物引起的腐蚀、黏泥及其生长的控制方法主要有以下一些：选用耐蚀材料、控制水质、采用杀生涂料、阴极保护、清洗、防止阳光照射、混凝沉淀、噬菌体法和添加杀生剂。

课题 3　通风与空调施工图

3.1　图　例

通风与空调施工图涉及到的图例有很多，下面的这些表列出了常用图例。只有牢记这些图例，才能正确地读懂图纸。

3.2　通风与空调施工图的组成

通风与空调施工图一般有两大部分组成：文字部分与图纸部分。文字部分包括图纸目录、设计施工说明、设备及主要材料表。

图纸部分包括两大部分：基本图和详图。基本图包括通风空调系统的平面图、剖面图、轴测图、原理图等。详图包括系统中某局部或部分的放大图、加工图、施工图等。如果详图中采用了标准图或其他工程图纸，那么在图纸目录中必须附有说明。

3.2.1 设计施工说明

设计施工说明包括采用的气象数据、通风与空调系统的划分及具体施工要求等。有时还附有风机、水泵、空调箱等设备的明细表和风管及管件图例等（表1-4、表1-5和表1-6）。

风管及管件图例   表 1-4

序号	名　称	图　例	附　注
1	送风管、新(进)风管	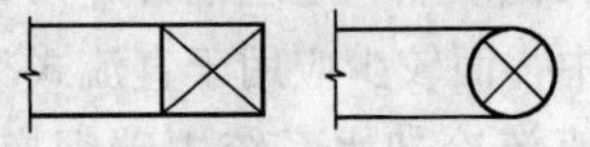	本图为可见面
		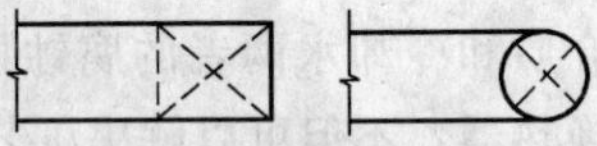	本图为不可见面
2	回风管、排风管	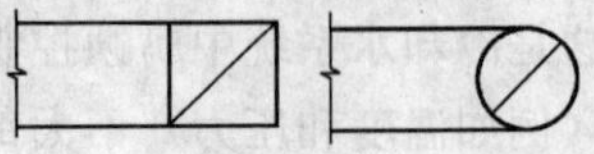	本图为可见面
		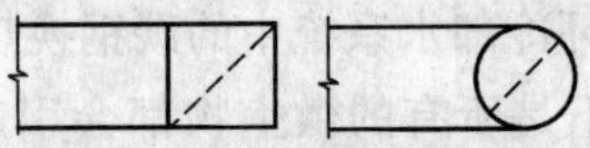	本图为不可见面
3	混凝土或砖砌风道	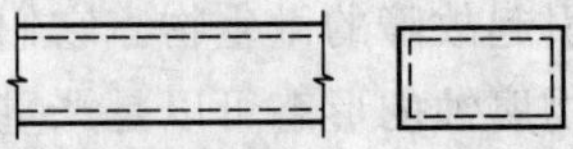	
4	异径风管	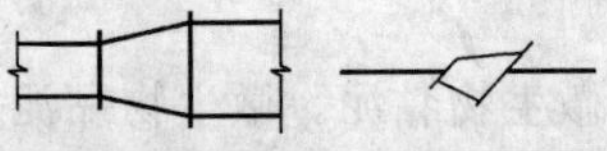	
5	天圆地方	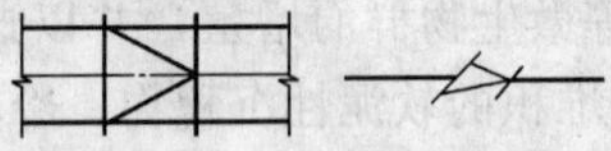	
6	柔性风管	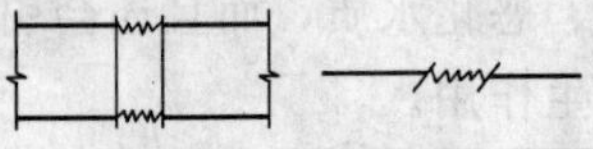	
7	风管检查孔	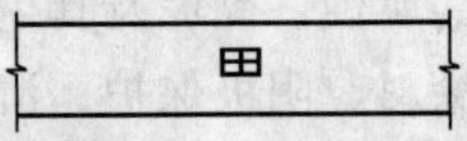	
8	风管测定孔	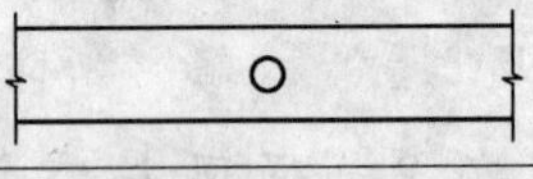	
9	矩形三通	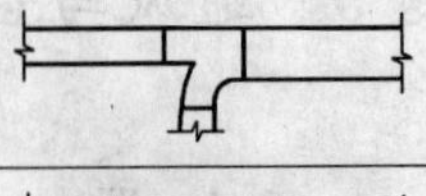	
10	圆形三通	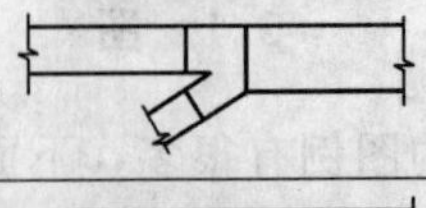	
11	弯头	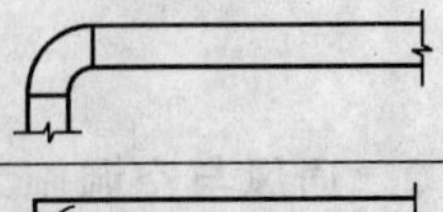	
12	带导流片弯头	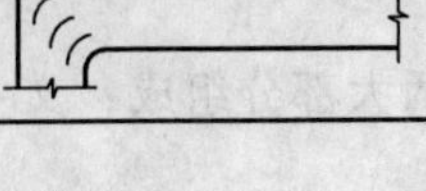	

26

序号	名　称	图　　例		附　注
1	插板阀			
2	蝶阀			
3	手动对开式多叶调节阀			
4	电动对开式多叶调节阀			
5	三通调节阀			
6	防火（调节）阀			
7	余压阀			
8	止回阀			
9	送风口			
10	回风口			
11	方形散流器			
12	圆形散流器			

主要内容有：

1）需要安装通风与空调系统的建筑概况。

2）通风与空调系统采用的设计参数。

3）空调房间的设计条件。包括冬季、夏季的空调房间内空气的温度、相对湿度（或湿球温度）、平均风速、新风量、噪声等级、含尘量等。

4）空调系统的划分与组成。包括系统编号、系统所服务的区域、送风量、设计负荷、空调方式、气流组织等。

5）空调系统的设计运行工况（只有要求自动控制时才有）。

6）风管系统。包括统一规定、风管材料及加工方法、支吊架要求、阀门安装要求、减振做法、保温等。

序号	名　称	图　　例	附　注
1	离心式通风机	(1)　　　　　　(2)　(3)	(1)平面,左:直联;右:皮带 (2)系统 (3)流程
2	轴流式通风机	(1)　　　　(2)　　　　(3)	(1)平面 (2)系统 (3)流程
3	离心式水泵	(1)　　(2)　　(3)	(1)平面 (2)系统 (3)流程
4	制冷压缩机		用于流程、系统
5	水冷机组		用于流程、系统
6	空气过滤器		用于流程、系统
7	空气加热器		
8	空气冷却器		
9	空气加湿器		
10	窗式空调器		
11	风机盘管		
12	消声器		
13	减振器		左:平面;右:剖面
14	消声弯头		
15	喷雾排管		
16	挡水板		
17	水过滤器		
18	通风空调设备		用细实线绘画轮廓,框内用拼音字母以示区别

7）水管系统。包括统一规定、管材、连接方式、支吊架做法、减振做法、保温要求、阀门安装、管道试压、清洗等。

8）设备。包括制冷设备、空调设备、供暖设备、水泵等的安装要求及做法。

9）油漆。包括风管、水管、设备、支吊架等的除锈、油漆要求及做法。

10）调试和运行方法及步骤。

11）应遵守的施工规范、规定等。

3.2.2　平面图

平面图包括建筑物各层通风与空调系统的平面图、空调机房平面图、制冷机房平面图等。下面着重介绍通风与空调系统平面图。

通风与空调系统平面图主要说明通风与空调系统的设备、系统风道、冷热媒管道、凝结水管道的平面布置。它的主要内容包括：

（1）风管系统

一般以双线绘出。包括风管系统的构成、布置及风管上各部件、设备的位置，例如异径管、三通接头、四通接头、弯管、检查孔、测定孔、调节阀、防火阀、送风口、排风口等，并且注明系统编号、送回风口的空气流动方向。

（2）水管系统

一般以单线绘出。包括冷、热媒管道、凝结水管道的构成、布置及水管上各部件、设备的位置，例如异径管、三通接头、四通接头、弯管、温度计、压力表、调节阀等。并且注明冷、热媒管道内的水流动方向、坡度。

（3）空气处理设备

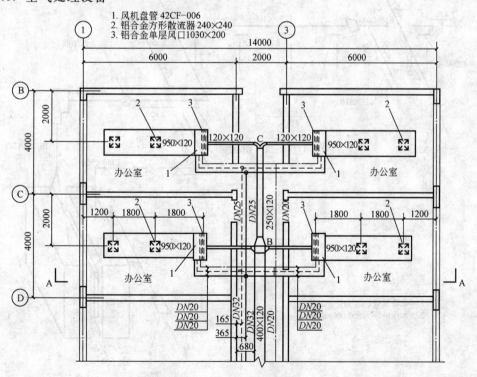

图 1-33　办公室空调平面图 1∶100

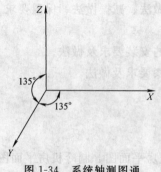

图 1-34 系统轴测图通
常所采用的坐标系

包括设备的轮廓、位置。

（4）尺寸标注

包括各种管道、设备、部件的尺寸大小、定位尺寸以及设备基础的主要尺寸。还有各设备、部件的名称、型号、规格等。

此外，对于引用标准图集的图纸，还应注明所用的通用图、标准图索引号。对于恒温恒湿房间，应注明房间各参数的基准值和精度要求。

图 1-33 是一办公楼的空调系统平面图（部分）。

3.2.3 系统图（轴测图）

系统轴测图使用的坐标是三维的，如图 1-34 所示。它的主要作用是从总体上标明所

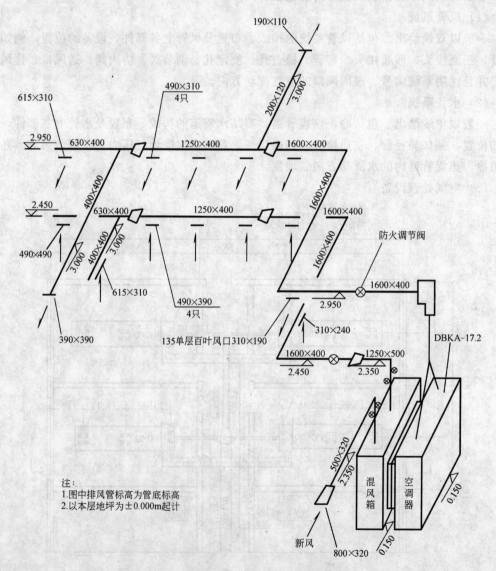

注：
1.图中排风管标高为管底标高
2.以本层地坪为±0.000m起计

图 1-35 单线轴测图

讨论的系统构成情况及各种尺寸、型号、数量等。

具体地说，系统轴测图上包括该系统中设备、配件的型号、尺寸、定位尺寸、数量以及连接于各设备之间的管道在空间的曲折、交叉、走向和尺寸、定位尺寸等。系统轴测图上还应注明该系统的编号。

图 1-35 是用单线绘制的某通风与空调系统的系统轴测图。

系统轴测图可以用单线绘制，也可以用双线绘制。虽然双线绘制的系统轴测图比单线绘制的更加直观化，但绘制过程比较复杂，因此，工程上多采用单线绘制系统轴测图。

3.2.4 剖面图

剖面图总是与平面图相对应的，用来说明平面图上无法表明的事情。因此，与平面图相对应，通风空调施工图中剖面图主要有通风空调系统剖面图、通风空调机房剖面图、冷冻机房剖面图等。至于剖面和位置，在平面图上都有说明，例如图 1-33 中的 A-A 位置。图 1-36 是图 1-33 的 A-A 位置剖面图。由此可见剖面图上的内容与平面图上的内容是一致的，有所区别的一点是：剖面图上还标注有设备、管道及配件的高度。

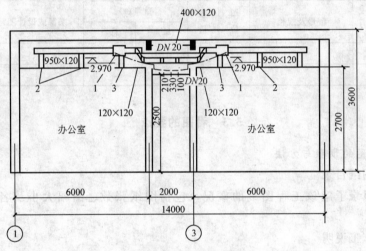

图 1-36　A-A 剖面图

1—风机盘管 42CF-006；2—铝合金方形散流器 240×240；

3—铝合金单层风口 1030×200

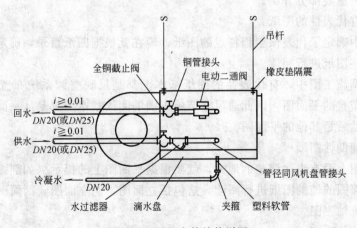

图 1-37　风机盘管接管详图

3.2.5 详图

通风与空调工程图所需的详图较多，总的来说，有设备、管道的安装详图，设备、管道的加工详图，设备、部件的结构详图等。部分详图可在标准图集中查取。

图 1-37 是风机盘管接管详图。

3.2.6 设备与主要材料表

设备与主要材料的型号、数量一般在"设备与主要材料表"中给出，它的格式一般采用表 1-7 的形式。

设备与主要材料表 表 1-7

×××设计研究院	设备材料表		设计号	
			图别	
	工程 名称		图号	
			总序号	
	项目		总页:	第　　　页

序号	名称	型号及规格	单位	数量	重量(t)		来源或设计图号	备注
					单重	总重		

3.3 看图的要点

3.3.1 看图的步骤与方法

（1）阅读图纸目录

根据图纸目录了解该工程图纸的概况，包括图纸张数、图幅大小及名称、编号等信息。

（2）阅读施工说明

根据施工说明了解该工程概况，包括空调系统的形式、划分及主要设备布置等信息，在这基础上，确定哪些图纸是代表着该工程特点，是这些图纸中的典型或重要部分，图纸的阅读就从这些重要部分开始。

（3）阅读有代表性的图纸

在第二步中确定了代表该工程特点的图纸，现在就根据图纸目录，确定这些图纸的编号，并找出这些图纸进行阅读。

在通风空调施工图中，有代表性的图纸基本上都是反映空调系统布置、空调机房布置、冷冻机房布置的平面图，因此通风空调施工图的阅读基本上都是从平面图开始的，先是总平面图，然后是其他的平面图。

（4）阅读辅助性图纸

对于平面图上没有表达清楚的地方，就要根据平面图上的提示（如剖面位置）和图纸目录找出该平面图的辅助图纸进行阅读，这包括立面图、侧立面图、剖面图等。对于整个系统可参考系统轴测图。

（5）阅读其他内容

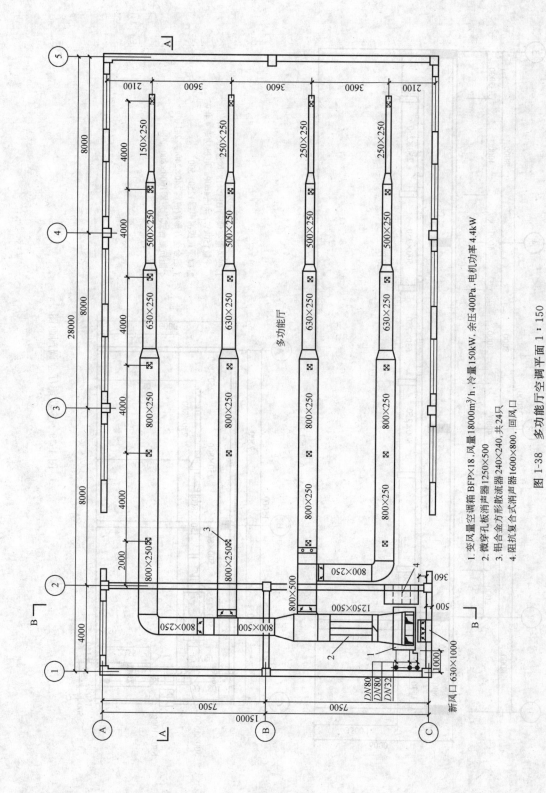

1. 变风量空调箱 BFP×18，风量18000m³/h，冷量150kW，电机功率4.4kW
2. 微穿孔板消声器1250×500
3. 铝合金方形散流器240×240，共24只
4. 阻抗复合式消声器1600×800，回风口

图 1-38　多功能厅空调平面 1：150

新风口 630×1000

多功能厅

33

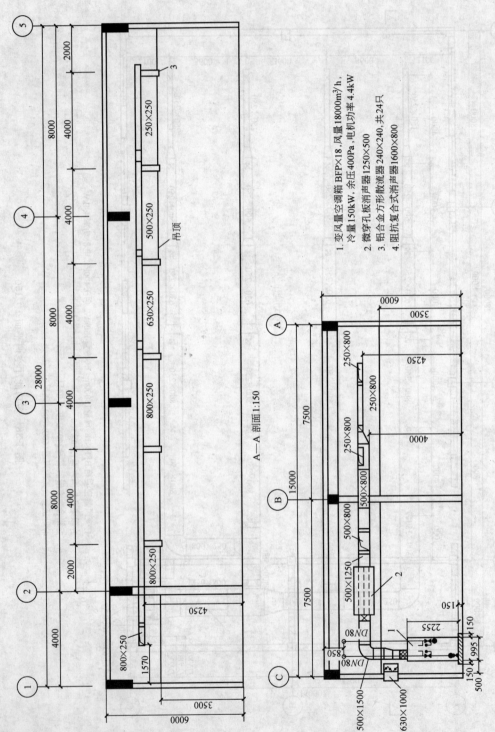

A—A 剖面 1:150

1. 变风量空调箱 BFP×18，风量 18000m³/h，
   冷量 150kW，余压 400Pa，电机功率 4.4kW
2. 微穿孔板消声器 1250×500
3. 铝合金方形散流器 240×240，共 24 只
4. 阻抗复合式消声器 1600×800

图 1-39 多功能厅空调剖面图

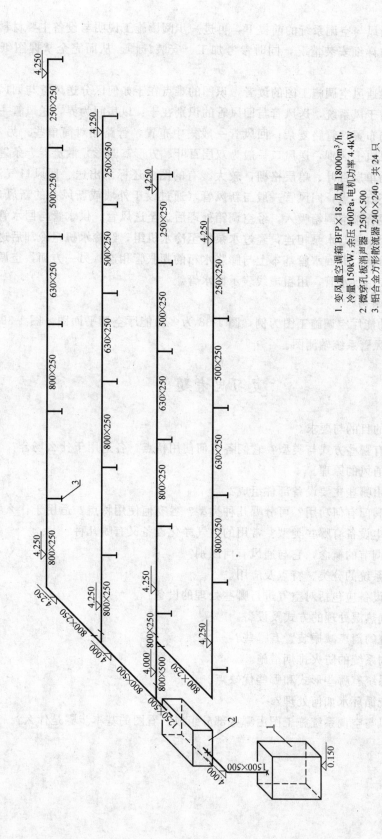

图 1-40 多功能厅空调风管轴测图

1. 变风量空调箱 BFP×18, 风量 18000m³/h,
   冷量 150kW, 余压 400Pa, 电机功率 4.4kW
2. 微穿孔板消声器 1250×500
3. 铝合金方形散流器 240×240, 共 24 只

在读懂整个通风与空调系统的前提下，再进一步阅读施工说明与设备主要材料表，了解通风空调系统的详细安装情况，同时参考加工、安装详图。从而完全掌握图纸的全部内容。

对于初次接触通风空调施工图的读者，识图的难点在于如何区分送风管与回风管、供水管与回水管。对于风系统，送风管与回风管的识别在于：以房间为界，送风管一般将送风口在房间内均匀布置，管路复杂；回风管一般集中布置，管路相对简单些；另一方面，可从送风口、回风口上区别，送风口一般为双层百叶、方形（圆形）散流器、条缝送风口等，回风口一般为单层百叶、单层格栅，较大。有的图中还标示出送、回风口气流方向，则更便于区分。还有一点，回风管一般与新风管（通过设于外墙或新风井的新风口吸入）相接，然后一起混合被空调箱吸入，经空调箱处理后送至送风管。供水管与回水管的区分在于：一般而言回水管与水泵相连，经过水泵打至冷水机组，经冷水机组冷却后送至供水管，有一点至关重要，即回水管基本上与膨胀水箱的膨胀管相连；另一方面，空调施工图基本上用粗实线表示供水管，用粗虚线表示回水管。

3.3.2 识图举例

以某大厦多功能厅空调施工图为例，图 1-38 为多功能厅空调平面图，图 1-39 为其剖面图，图 1-40 为风管系统轴测图。

复习思考题

1. 简述通风的目的与要求。
2. 通风系统有哪些方式与类型？它们各有何使用特点？各适用于什么场合？
3. 简述自然通风的原理。
4. 通风系统由哪些主要设备部件组成？
5. 常用调节阀门有何功用？可分哪几种类型？各有何使用特点？适用于什么场合？
6. 常用的除尘设备有哪些类型？常用的空气净化设备又有哪几种？
7. 简述空气调节的概念，它与通风有何区别？
8. 简述空调系统的分类、特点及应用。
9. 空气处理设备应包括对空气进行哪些处理的设备？
10. 简述空气热湿处理的方式及设备。
11. 空调系统的消声减振装置有哪些？
12. 简述空调系统的防火排烟措施。
13. 空调水系统有哪些形式和哪些优缺点？
14. 空调系统循环水如何处理？
15. 简述通风与空调系统施工图由哪些部分组成？看图的基本步骤是什么？

单元 2　通风与空调系统的安装

知 识 点：本单元主要讲述通风与空调系统工程中常用的材料，风管加工与连接的基本技术，通风与空调系统加工安装草图的绘制方法与步骤，通风与空调系统管道的安装，通风与空调系统设备的安装等相关内容。

教学目标：1. 了解通风与空调系统工程中常用的材料规格及其选用原则，风管加工与连接的基本技术及其要求；

2. 掌握通风与空调系统加工安装草图的绘制方法与步骤；

3. 掌握通风与空调系统管道的安装方法及其规范要求，通风与空调系统设备的安装措施及其要求等相关内容。

课题 1　通风与空调工程常用的材料与机具

通风与空调工程的安装，包括风管、水管、设备和附属装置等安装的内容。本单元将对通风与空调系统的施工中所涉及的管道、阀门等附件和主要设备的安装技术进行系统的介绍。

1.1　常 用 材 料

1.1.1　对材质的要求

通风与空调工程所用材料的材质、规格必须符合设计要求和施工规范规定，并具有出厂合格证书或质量鉴定文件。材料质量应符合下列要求：

1）板材表面应平整，厚度应均匀，不应有裂纹、气孔、窝穴及其他影响质量的缺陷；

2）型钢应该规整，厚度均匀，无影响质量的缺陷；

3）其他材料不能因具有缺陷导致成品强度降低或影响其使用效能。

1.1.2　常用材料

通风与空调工程所用材料一般分为主材和辅材两类。主材是指板材和型钢，主要指构成风管的板材及其支架材料型钢；辅材是指风管连接用的螺栓、铆钉及垫料等辅助材料。

（1）常用风管板材

风管板材主要分金属板材和非金属板材两大类，其中，金属板材应用广泛，本单元就以此种板材为主介绍通风系统的安装。

1）金属板材　金属薄板是制作风管、配件和部件的主要材料。通风与空调工程中的金属薄板通常有普通薄钢板、热镀锌薄钢板、不锈钢板和塑料复合板、铝板等，其表面应平整、光滑，厚度均匀一致，无明显的压痕，不得有裂缝、夹层、锈蚀等质量缺陷。

A. 普通薄钢板　普通薄钢板又称黑铁皮，是用热轧的方式将碳素软钢轧制而成，厚度为 0.3～2.0mm，它具有良好的机械强度和加工性能，价格便宜，所以在通风工程中使用广泛。但其表面易生锈，故应进行刷油防腐。

普通薄钢板的规格尺寸见附表 2.1 和附表 2.2。

B. 镀锌薄钢板　镀锌薄钢板由普通薄钢板镀锌后制成，俗称白铁皮，其表面锌层有良好的防腐作用，一般不再作油漆防腐处理，较普通薄钢板施工方便。常用于不受酸雾作用的潮湿环境中的通风、空调系统的风管及配件、部件的制作。

镀锌薄钢板的规格尺寸见附表 2.3。

C. 不锈钢板　不锈钢板又叫不锈耐酸钢板。在空气、酸及碱性溶液或其他介质中有较高的化学稳定性。在高温下具有耐酸碱腐蚀能力，因而多用于化学工业中输送含有腐蚀性气体的通风系统。不锈钢的钢号较多，其用途也各不相同，施工时应按设计要求选用。一般分为热轧不锈钢板（厚度 1.0～2.2mm）和冷轧不锈钢板（厚度 0.5～2.0mm）两类。

不锈钢板的规格尺寸符合 GB 709—88 的规定。

D. 铝合金板（铝板）　铝合金板是以铝为主，加入一种或几种其他元素（如铜、镁、锰等）制成铝合金，有足够的强度。具有重量轻、塑性及耐腐蚀性好、易于加工的特点，并且铝在摩擦时不易产生火花，故常用于通风工程自防爆系统，厚度为 0.5～2.0mm。

铝合金板的规格尺寸见附表 2.4。

E. 塑料复合钢板　此种板材是在普通薄钢板表面喷上一层 0.2～0.4mm 厚的塑料层，这种复合钢板既有强度大、又有耐腐蚀性能，常用于防尘要求较高的空调系统和温度在 −10℃～70℃ 下耐腐蚀系统的风管。

2）非金属板材　非金属板材包括硬聚氯乙烯塑料板、玻璃钢板、炉渣石膏板等。

A. 硬聚氯乙烯板　硬聚氯乙烯板又称硬塑料板，是由硬聚氯乙烯树脂加稳定剂和增塑剂热压加工而成。它在普通酸类、碱类和盐类作用下，有良好的化学稳定性，有一定机械强度、弹性和良好的耐腐蚀性，便于加工成型，在通风风管、部件和风机制造中，得到较广泛应用。

硬聚氯乙烯板的规格尺寸见附表 2.5。

B. 玻璃钢　目前，在通风、空调工程中，用耐酸（耐碱）合成树脂和玻璃布粘结压制而成的有机玻璃钢风管，已有广泛应用，其显著特点是具有良好的耐酸碱腐蚀性能，且不同规格的风管和法兰连为一体，可在工厂中加工成整体管段，极大地加快了施工安装速度。近年来，用硅藻土等无机材料和粘结剂制作的无机玻璃钢风管已经问世，其耐火、耐腐蚀性能也很突出，应用前景广阔。

C. 其他风管材料　在风道制作中，可因地制宜、就地取材，采用砖、混凝土、矿渣石膏板、木丝板等材料做成不同材质的非金属风道。

（2）常用的型钢

常用的型钢有角钢、槽钢、工字钢、扁钢、圆钢等，型钢在通风与空调工程中主要做设备支架，框架，风管支、吊架，风管加固以及风管法兰盘等。附表 2.6～附表 2.11 分别列出了角钢、槽钢、工字钢、扁钢、圆钢等型钢的规格，供大家选用时参考。

（3）辅助材料

1）垫料　常用的垫料有橡胶板、闭孔海绵、石棉橡胶板、石棉等。各种垫料因其性质不同使用于不同的场合。

A. 石棉绳　石棉绳是用矿物中石棉纤维加工编制而成，一般使用直径 3.5mm。适用于输送高于 70℃的空气或烟气的风管作垫料。

B. 橡胶板　橡胶板具有弹性，多用于严密性要求较高的除尘系统和空调系统中作垫料。

C. 石棉橡胶板　石棉橡胶板融合了石棉纤维和橡胶两者的优点，厚度 3.5mm，用作输送高温气体风管的垫料。

D. 软聚氯乙烯塑料板　此垫料具有良好的弹性和耐腐蚀性，适用于输送含有腐蚀性气体的风管作垫料。

E. 闭孔海绵橡胶板　此种垫料表面光滑，内部有空隙，弹性良好，施工方便，最适于输送产生凝结水或含有蒸汽的潮湿空气的风管作垫料。

2）螺栓、螺母及铆钉　常用于通风空调系统中支、吊架的安装、风管法兰的连接、风管的加固等场合。

螺栓、螺母及垫圈用于通风与空调系统中支、吊架的安装及风管法兰的连接。螺栓用直径×长度表示，其中长度指螺栓杆净长度，常用六角螺栓分通丝、半丝。螺母用直径表示，其规格应与螺栓规格相配套。

铆钉有半圆头、平头和抽芯铆钉三种，用于板材与板材、风管或配件与法兰之间的连接，即铆接用料。

抽芯铆钉又叫拉拔铆钉，由防锈铝合金与钢丝材料制成。使用时用拉铆枪抽出钢钉，铝合金即自行膨胀，形成肩胛，将材料紧密铆接牢固。使用这种铆钉施工方便，工效很高，并可消除手工敲打噪声。抽心铆钉因其加工方法和材质等因素的限制，规范规定不能用于净化空调系统的安装工程。

（4）消耗材料

消耗材料指施工过程中必须使用，但施工后又无其形象存在（未构成工程实体）的材料。如切割、焊接用的氧气、乙炔气、风管法兰加热煨制时用的焦炭、木柴，施工用锯条、破布，锡焊时用的木炭、焊锡、盐酸等材料。

1.2　常用施工设备及施工机具

在通风管道及管件制作和加工过程中，需要使用多种设备和工具，按操作方式分为手工操作和机械操作两大类。

1.2.1　手工工具

常用的有：铁剪刀（手工直剪、弯剪、铡刀剪）、拉铆枪、手锤、各类扳手、木榔头等。

1.2.2　电动工具及设备

常用的电动工具及设备有：金属砂轮切割机（型钢切割机）、手电钻、台钻、电锤、角向磨光机、龙门剪板机、手动（电动）折板机、电冲剪、曲线剪板机、咬口机、压边机、折方机、卷管机、角钢卷圆机、螺旋卷管机、插条法兰机、合缝机、电气焊设备及吊装设备等。

1.2.3 检测工具

为了保证工程的质量符合设计和规范要求，需要随时随地对风管的制作及安装进行检查。检查测量的工具有：经纬仪、水准仪、水平尺、不锈钢尺、钢卷尺、游标卡尺、吊锤等。

课题2 风管、管件的加工制作与连接

通风与空调管道的加工是指组成整个系统的风管和部件、配件的制作和组装过程，也就是根据设计图纸，从原材料到半成品、成品，最后组装成系统的过程。

通风与空调管道的加工与制作有两种情况：一是在加工工厂加工成半成品或成品，然后运抵现场组合安装；二是在施工现场进行加工制作和安装。对于工程量不大或施工现场条件允许，可以使用一些小型加工机械在现场加工制作风管，这样可以减少风管和部件、配件的运输费用，避免装卸和堆放可能造成的成品、半成品的损坏，能够比较好地配合现场的施工进度进行加工制作。但这样的加工方法，不可避免地造成较多的原材料浪费和由于手工操作比较多使得产品质量因人员的因素而不够稳定。在工程规模大、安装质量要求高的场合，可以在加工厂或预制厂内利用各种专用机械集中加工制成成品和半成品后运到施工现场，进行组合安装。这样既提高了机械化程度，降低工人的劳动强度和生产成本，又有利于提高制作质量和单位产量，而且还有利于充分利用原材料，避免浪费。但这种加工方法的前提条件是生产规模要大，管理要完善，其不足之处是在信息沟通和管理不完善的时候，容易出现与现场施工进度脱节的弊端。故而应根据具体情况选择通风与空调管道的加工与制作方法。

通风与空调管道使用规格已标准化，制作时应按附表2.12（圆形通风管道统一规格）和附表2.13（矩形通风管道统一规格）规格尺寸要求进行。

通风与空调管道制作安装的主要程序如下：施工准备，风管和部件的制作，风管和部件的安装，设备安装，防腐保温工程，单机试运转，系统联合试运转，系统试验与调试，竣工验收等九个程序。

风管加工制作工艺流程如图2-1所示。

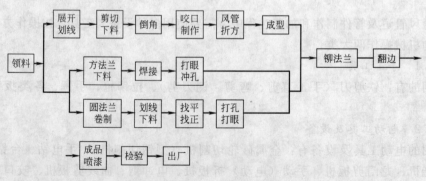

图2-1 风管加工制作工艺流程

2.1 风管的剪切下料

2.1.1 展开画线

展开画线就是利用几何作图的基本方法，画出各种线段和几何图形。风管制作时，首先要利用几何作图的方法将风道及配件的展开图画出来（样板图），然后才能下料制作。作图中经常画的线有：直角线、垂直平分线、平行线、角平分线、直线的等分、圆的等分线等。样板图可直接画在板材上也可先画在油毡纸上。

画线的工具主要包括钢直尺、角尺、量角器、划规、地规、划针、样冲等，如图 2-2 所示。

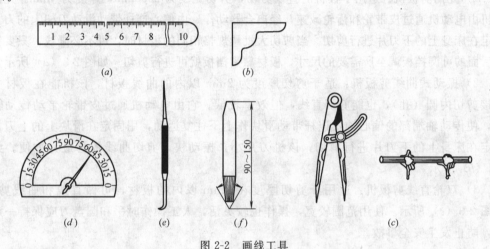

图 2-2　画线工具

(a) 钢尺；(b) 角尺；(c) 划规、地规；(d) 量角器；(e) 划针；(f) 样冲

常用的画线工具的用途如下：

1）钢直尺：用不锈钢板制成，其长度为 150mm、300mm、600mm、900mm、1000mm 几种，尺面上刻有公制长度单位。用于量测直线长度和画直线。

2）钢卷尺：度量长度用。

3）直角尺：直角尺即角尺，用薄钢板或不锈钢板制成。直角尺可用来找正直角，画垂直线或平行线，并可作为检测两平面是否垂直的量具。

4）量角器：用以测量和划分角度。

5）划规：用以画圆和截取等长线段。划规用于画较小的圆、圆弧、截取等长线段等，地规用于画较大的圆。划规和地规的尖端应经淬火处理，以保持坚硬和经久耐用。

6）划针：用于在金属薄板上画出清晰的痕迹。一般由中碳钢制成，用于在板材上划出清晰的线痕。划针的尖部应细而硬。

7）样冲：在金属薄板上冲点，记号和定圆心。样冲多为高碳钢制成，尖端磨成 60°角，用来在金属板面上冲点，为圆规画圆或画弧定心，或作为钻孔时的中心点。

8）曲线板：曲线板用于连接曲面上的各个截取点，画出曲线或弧线。

2.1.2 剪切

金属薄板的剪切就是按画线的形状进行裁剪下料。剪切前必须对所画出的剪切线进行仔细的复核，避免下料错误造成材料浪费。剪切时应对准画线，做到剪切位置准确，切口整齐，即直线平直，曲线圆滑。

剪切分为手工剪切和机械剪切。

（1）手工剪切

手工剪切常用的工具有直剪刀、弯剪刀、侧刀剪和手动滚轮剪刀等，可依板材厚度及剪切图形情况适当选用。剪切厚度在 1.2mm 以下。

手工剪切是常用的剪切方法，是基本操作技术之一，应该熟练掌握，但劳动强度大。

（2）机械剪切

用机械剪切金属板材可成倍地提高工作效率，且切口质量较好。常用的剪切机械有：

1）龙门剪板机：适用于板材的直线剪切，剪切宽度为 2000mm，厚度为 4mm。龙门剪板机由电动机通过皮带轮和齿轮减速，经离合器动作，由偏心连杆带动滑动刀架上的刀片和固定在床身上的下刀片进行剪切。当剪切大批量规格相同的板材时，可不必画线，只要把床身后面的可调挡板调至所需要的尺寸，板材靠紧挡板就可进行剪切。如图 2-3（a）所示。

2）振动式曲线剪板机：适于剪切厚度为 2mm 以内的曲线板材，该机能在板材中间直接剪切内圆（孔），也能剪切直线，但效率较低。它由电动机通过皮带轮带动传动轴旋转，使传动轴端部的偏心轴及连杆带动滑块作上下往复运动，用固定在滑块上的上刀片和固定在床身上的下刀片进行剪切，该机刀片小，振动快，剪切曲线板材最为方便。如图 2-3（b）所示。

3）双轮直线剪板机：适用于剪切厚度在 2mm 以内的板材，可做直线和曲线剪切，如图 2-3（c）所示。使用范围较宽，操作也较灵活，人工操作时手和圆盘刀应保持一定距离，防止发生安全事故。

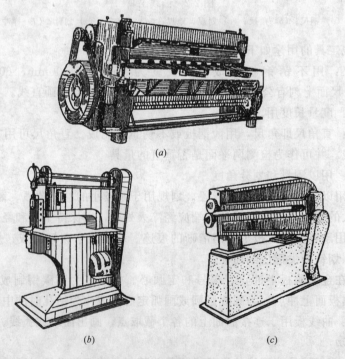

图 2-3　剪板机
（a）龙门剪板机；（b）振动式曲线剪板机；（c）双轮剪板机

使用机械进行板材剪切时，剪切厚度不得超过剪床规定厚度，以免损坏机械。剪床应定期检查保养。

2.1.3 展开放样

风管和配件加工首先要画出展开图，俗称放样，它是以画法几何的原理进行绘制的。虽然实际工程中风管和配件的形式比较多，但总体上绘制展开图的方法差不多，并且各种形状的通风、空调管道都是用平整的板料用展开下料的方法制作的，综合起来展开下料的方法有三种，必须熟练掌握。

（1）适用于表面是柱面（圆柱、棱柱）的管件——平行线法

平行线法展开的步骤如下：

1）画出立面图和正断面图。

2）将断面图分为若干等分，把各个等分点平行与中心轴线投到立面图上。其目的是表示出各个等分点对应的素线的位置和长度。

3）在与立面图中心轴线垂直的方向上，将柱体表面展开并同样进行等分，随后得到各个对应等分线（素线）的长度，连接各点就可以得到展开图。

圆形弯头表面展开图如图 2-4 所示：

由已知尺寸管道直径 D，弯管角度 a 和曲率半径 R，圆形风管的组成最少节数画出弯头的立面图，其中弯管的中间节在大小上等于两个端节，故每个端节在弯管中所占的角度为 $a/(n+2)$，n 为中间节节数。在立面图上画出断面图并将其十二等分，过各点作垂直于 OB 的直线与 OC 交与各点；延长 OB 线并截取 EF 线段使其等于圆管的周长 πD 并十二等分。由 OC 线上各点作平行于 EF 的平行线与各等分线分别相交，并连接各点即得端节展开图。向下镜像作图即得中间节展开图。

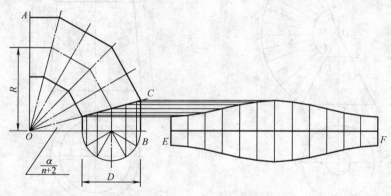

图 2-4　平行线法圆形弯头展开划线图

以展开图为样板并放出咬口余量，在板材上即可划线下料。

圆形弯管曲率半径和最少节数见表 2-1。

（2）适用于表面是锥形和锥形的一部分（正圆锥、斜圆锥、棱锥）的管件——放射线展开法

1）可以得到顶点的正圆形大小头的展开：如图 2-5 所示，根据已知大口直径 D，小口直径 d 及大小头的高 h 作出大小头的主视图；使 AB 等于大口径 D，CD 等于小口径 d，EF 等于高度 h；延长 AC 和 BD 交于 O（如果画得正确，O 点一定在轴线上）。以 O 为圆

圆形弯管曲率半径和最少节数　表 2-1

弯管直径 D(mm)	曲率半径 R(mm)	弯管角度和最少节数							
		90°		60°		45°		30°	
		中节	端节	中节	端节	中节	端节	中节	端节
80~320	≥1.5D	2	2	1	2	1	2	—	2
320~450	D~1.5D	3	2	2	2	2	2	—	2
450~800	D~1.5D	4	2	2	2	1	2	1	2
800~1400	D	5	2	3	2	2	2	1	2
1400~2000	D	8	2	5	2	3	2	2	2

心，分别以 OA 和 OC 为半径，划两个圆弧。在 OA 为半径的圆弧上取任意点 A'，并截取圆弧 $A'A''$ 等于圆周长 πD，定出 A'' 点，连接 OA'、OA''，则 $A'A''C'C''$ 就是圆形大小头的展开图。

2）不易得到顶点的正圆形大小头展开：如果圆形大小头，大口直径和小口直径相差很少，其顶点相交在很远的地方，在这种情况下不可能采用放射线法作展开图，一般常采用近似的画线法来得到展开图。

根据已知的大口直径 D、小口直径 d 以及高度 h 先画出主视图和俯视图。将大口直径和小口直径的圆周长各 12 等分，取大小头的斜边 l 和 $\pi D/12$ 及 $\pi d/12$ 作样板，如图 2-6所示。在实际施工中只要取斜边 l 和 $\pi D/12$ 及 $\pi d/12$ 作样板即可。

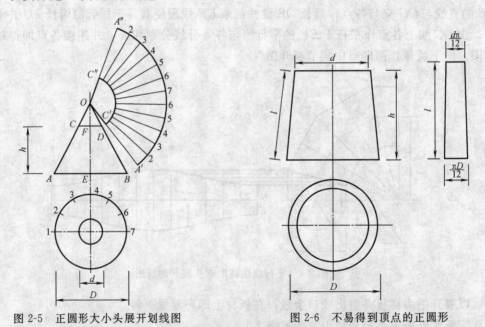

图 2-5　正圆形大小头展开划线图　　　　图 2-6　不易得到顶点的正圆形

（3）适用于表面既不是柱面，又不是锥形的管件——三角形法

如图 2-7 所示（仅以正天圆地方为例，偏心的天圆地方展开方法类似）。天圆地方的展开图就是利用直角三角形求各棱线实长的方法得到的。其步骤是：根据已知的圆管直径 D，矩形风管尺寸 A 和 B 以及天圆地方的高度 h，画出立面图和俯视图，并将圆管口十二等分；利用已知直角三角形的直角边可求得斜边长的方法求表面各线的实际长度，即以 h

为一直角边，以俯视图中的 $A1$、$A2$、$A3$、$A4$、$B4$、$B5$、$B6$、$B7$ 线条长度为另一直角边即可求得 $A1$、$A2$、$A3$、$A4$、$B4$、$B5$、$B6$、$B7$ 条的实际长度；以 EA 和 $E1$ 为直角边，以相邻公线为基线依次画出各个三角形，组合起来即得天圆地方的展开画线图，在通风、空调工程中风管的其他类型管件配件展开画线一般均可采用上述的方法进行。但应注意：画线下料的展开图图样尺寸大小应针对板厚进行适当的处理，一般情况下，如果板厚为 2mm 以下时按管件的外壁尺寸进行放样，板厚在 3mm 以上时按板中心尺寸进行放样。

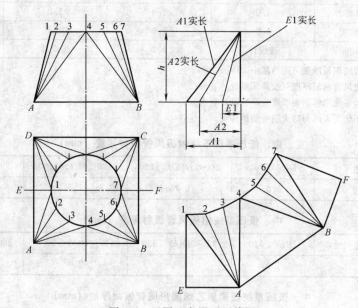

图 2-7　天圆地方展开画线图

2.2　风管及配件的连接方法

用金属板材制作风管及配件，常用咬口、铆接和焊接的方法进行连接。

2.2.1　咬口连接

咬口连接是用折边法把两块需要相互连接的板材边缘折曲成沟状，然后相互钩挂咬合压紧而成，该方法主要适用于板厚 $\delta \leqslant 1.2\text{mm}$ 的薄钢板，板厚 $\delta \leqslant 1.5\text{mm}$ 的铝板，板厚 $\delta \leqslant 1.0\text{mm}$ 的不锈钢板。金属风管的咬口连接或焊接的使用范围见表 2-2。

在通风与空调系统中，金属风管和非金属风管的材料品种、规格、性能和厚度等应符合设计和现行国家产品标准的规定。当设计无规定时，风管壁厚的选择可参考表 2-3～表 2-7。

金属风管的咬口连接或焊接的使用范围　　　　　　　　　　　　　表 2-2

板厚(mm)	材　质		
	钢板	不锈钢板	铝板
$\delta \leqslant 1.0$	咬接	咬接	咬接
$1.0 < \delta \leqslant 1.2$		焊接 （氩弧焊、电焊）	
$1.2 < \delta \leqslant 1.5$	焊接 （电焊）		
$\delta > 1.5$			焊接（气焊、氩弧焊）

45

钢板风管板材厚度（mm）　　　表 2-3

风管直径 D 或长边尺寸 b ＼ 类别	圆形风管	矩形风管		除尘系统风管
		中、低压系统	高压系统	
D(b)≤320	0.5	0.5	0.75	1.5
320＜D(b)≤450	0.6	0.6	0.75	1.5
450＜D(b)≤630	0.75	0.6	0.75	2.0
630＜D(b)≤1000	0.75	0.75	1.0	2.0
1000＜D(b)≤1250	1.0	1.0	1.0	2.0
1250＜D(b)≤2000	1.2	1.0	1.2	按设计
2000＜D(b)≤4000	按设计	1.2	按设计	

注：1. 螺旋风管的钢板厚度可适当减小 10％～15％。
　　2. 排烟系统风管钢板厚度可按高压系统。
　　3. 特殊除尘系统风管钢板厚度应符合设计要求。
　　4. 不适用于地下人防与防火隔墙的预埋管。

高、中、低压系统不锈钢板风管板材厚度（mm）　　　表 2-4

风管直径 D 或长边尺寸 b	D(b)≤500	500＜D(b)≤1120	1120＜D(b)≤2000	2000＜D(b)≤4000
不锈钢板厚度	0.5	0.75	1.0	1.2

中、低压系统铝板风管板材厚度（mm）　　　表 2-5

风管直径 D 或长边尺寸 b	D(b)≤320	320＜D(b)≤630	630＜D(b)≤2000	2000＜D(b)≤4000
铝板厚度	1.0	1.5	2.0	按设计

中、低压系统硬聚氯乙烯圆形风管板材厚度（mm）　　　表 2-6

风管直径 D	D≤320	320＜D≤630	630＜D≤1000	1250＜D≤2000
聚氯乙烯板厚度	3.0	4.0	5.0	6.0

中、低压系统硬聚氯乙烯矩形风管板材厚度（mm）　　　表 2-7

风管长边尺寸 b	b≤320	320＜b≤500	500＜b≤800	800＜b≤1250	1250＜b≤2000
聚氯乙烯板厚度	3.0	4.0	5.0	6.0	8.0

（1）咬口的形式

咬口断面的形式及适用范围，见表 2-8。咬口宽度与板厚有关，见表 2-9。为了满足咬口宽度的要求，板边缘的咬口留量应根据咬口的形式，在咬口制作时加以预留。一般对于单平咬口、单立咬口、转角咬口在一块板上咬口留量等于咬口宽度，而在另一块板（或同一块板的另一边）上是两倍宽，这样咬口留量就等于三倍咬口宽。例如厚为 0.7mm 以下的钢板，取咬口宽度为 7mm，其预留量为 7×3＝21mm。联合角咬口在一块板材上为咬口宽度，而在另一块板材上是三倍咬口宽，总的咬口预留量就等于四倍咬口宽度。

（2）咬口的加工

咬口的加工主要是折边和咬口压实。折边要求宽度一致，既平且直，否则咬口压实时出现半咬口或张裂现象。咬口加工分为手工咬口和机械咬口两种。

形　式	名称	适　用　范　围
	单咬口	板材的拼接、圆形风管的闭合咬口
	立咬口	圆形弯管或直管的管节咬口
	联合角咬口	用于矩形直管、弯管、三通和四通的咬接
	转角咬口	用于矩形直管的咬接、有净化要求的空调系统，有时也用于弯管或三通的转角咬口
	按扣式咬口	便于机械化加工，但漏风量较高，在对于严密性要求高的场合需要补加密封措施，用于矩形风管的咬接

咬口宽度表　　　　　　表 2-9

钢板厚度(mm)	单平、单立咬口宽度 B(mm)	角咬口宽度 B(mm)
≤0.7	6～8	6～7
0.7～0.8	8～10	7～8
0.9～1.2	10～12	9～10

1）手工咬口　手工咬口的折边和压实，使用的工具是硬质木方拍板和木锤。先把要连接的板边按咬口宽度在板上画线，然后放在固定有槽钢或角钢的工作台上，用木方拍板拍打成所需的折边；当两块板边都曲折成型后使其互相搭接好，用木锤在搭接缝的两端先打紧，然后再沿全长打平打实，最后在咬口缝的反面再打实一遍，图 2-8 为联合角咬口的加工方法。

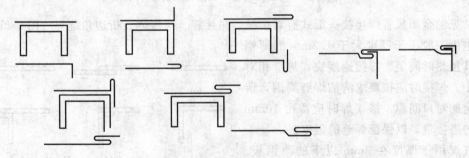

图 2-8　联合角咬口加工法

2）机械咬口　随着经济的发展，施工机具的应用也越来越广泛。对于通风空调工程量较大的项目，目前大多采用机械咬口的方式制作风管及配件。

机械咬口的机械有许多种，这里只介绍直线多轮咬口机一种。直线多轮咬口机是专门用来加工单平咬口的机械，适宜于加工厚度 $\delta \leqslant 1.2$mm 的金属板材。它主要由机架、滚轮、动力传动机构等组成。加工时，让板材自进料端推向滚轮，待滚轮咬住板材后，就自动向前移动，经过外观不同的槽形滚轮压折后，就被加工成所需要的单平咬口，如图 2-9及图 2-10 所示。

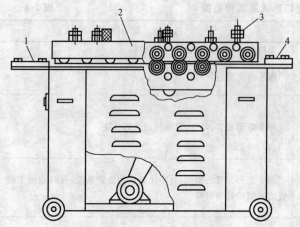

图 2-9　SAF-7 型单平咬口折边机及 SAF-5
型联合角咬口折边机正视图

1—进料端靠尺；2—操作机构；3—调整螺母；4—成型端靠尺

2.2.2　铆钉连接

铆接主要用于风管、部件和配件与法兰的连接，也用于风管加固、导流片的安装。铆钉的钉杆必须垂直于板面，钉帽应把板材压紧，使板缝密实合紧。铆钉应排列整齐，间距一般为 40～100mm，铆钉到板边的距离应保持 $3d～4d$（d 为铆钉杆直径）。

铆接时，在法兰上应先划出铆钉孔的位置，钻孔后将铆钉穿入，然后用小方锤把钉尾打堆，然后再用罩模打成半圆形。

2.2.3　焊接

当板材厚度较厚时，其机械强度高而且难于加工，咬口连接质量不能保证，此时应当采用焊接的方法，以保证风管连接的严密性。常用的焊接方法有气焊和电焊，对镀锌钢板则不能采用上述两种焊接的方法，而只能采用锡焊（或涂抹密封胶）的手段加强咬口接缝的严密性。

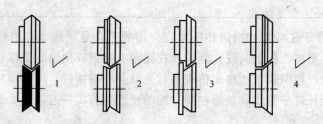

图 2-10　直线多轮咬口机滚轮压折工序

常见的金属风管焊接接头形式有对接缝、角接缝、搭接缝、折边角缝等（图 2-11）。

电焊一般用于厚度大于 1.2mm 的薄钢板。其预热时间短、焊接速度快，焊缝相对变形小。焊接时应按要求清洁焊缝周围，留下一定的对口间隙，搭接焊时应留出 10mm 左右的搭接量，以保证焊缝的强度。

气焊用于厚度在 3mm 以下的薄钢板。其加热面积大，焊接后板材变形大，对加工完成后的风管表面平整度有较大的影响，故常采用折边缝或折边角缝的形式克服焊接应力变形。

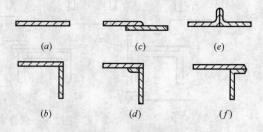

图 2-11　焊缝形式

(a) 对接缝；(b) 对接角缝；(c) 搭接缝；
(d) 搭接角缝；(e) 折边缝；(f) 折边角缝

氩弧焊接由于采用了氩气的保护，所以焊缝有更高的强度和耐腐蚀性，且加热量集中，热影响区域小。板材焊接后不易发生变形。更适合于不锈钢板和铝板的焊接。

风管焊缝的质量检验：金属焊缝的主要质量缺陷是烧蚀、气孔、裂纹、夹渣、咬边、焊瘤、未焊透、融合性飞溅等缺陷。应按有关要求进行检验，检验的方法一般为外观检查和严密性检查。

2.3 风管的加工、加固与连接

2.3.1 直风管的展开下料与加工制作

（1）圆形直风管的展开下料

圆形直风管的展开图是一个矩形，它的一边长为 πD，另一边长为 L，D 是圆风管的外径，L 是风管长度，如图 2-12 所示。

为了保证风管质量，展开时，矩形的四个角必须垂直（可用对角线法检验），应根据板厚留出咬口留量、法兰的翻边量（一般为 10mm）。若风管采用对接焊时，展开图可直接在钢板上划出即可。

当风管直径较大时，用单张板料不够时，可按图 2-12 中的方法拼接。

（2）矩形直风管的展开下料

矩形风管的展开下料方法与圆形风管相同，只是它的周长是矩形断面各边长之和。即一边长度为 $2(A+B)$，另一边长度为 L，同时应考虑咬口留量和法兰翻边量，如图 2-13 所示。

（3）直风管的加工和加固

直风管所采用的板材厚度，应符合设计要求，同时也要满足表 2-10 的要求。

1）圆形风管的加工　圆形风管，可采用人工或机械进行加工。手工加工前，应将按样板图剪切好的板材贴在圆管上压圆，再用方木拍板修整，使咬口能互相啮合，再把咬口打紧打实，最后将风管整圆，使圆弧均匀为止。机械加工是用卷圆机进行滚压，该机可加工厚度为 $\delta \leqslant 3\text{mm}$，长度在 2m 以内的风管。加工前，先把咬口附近的板边用手工拍圆，再把板材送入上下滚之间，通过滚压使板材成圆形，再由咬口机压实，就成为圆形风管。

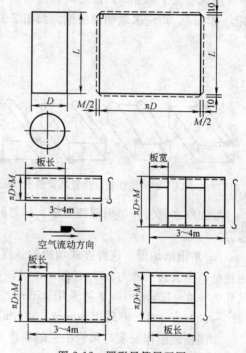

图 2-12　圆形风管展开图

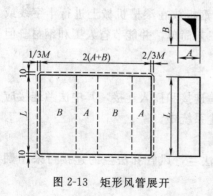

图 2-13　矩形风管展开

风管最小板材厚度　　　　　　　**表 2-10**

项次	圆形风管直径或矩形风管大边尺寸（mm）	钢板厚度（mm）
1	440 以内	0.5～0.6
2	775 以内	0.63～0.7
3	1100 以内	0.75～0.82
4	1540 以内	1

49

2）矩形风管的加工　在矩形风管的加工制作中，当周长小于板宽时，可设置一个角咬口；当板宽小于周长，大于周长的一半时，可设两个角咬口；当周长很大时，可在风管四个边角分别设四个角咬口，如图 2-14 所示。

3）风管加固　对于管径或边长较大的风管，为避免风管断面变形和减少管壁在系统运转中由于振动而产生的噪声，就需要对风管进行加固。一般矩形风管边长大于 630mm，保温风管边长大于 800mm，管段长度大于 1250mm 或低压风管单边表面积大于 $1.2m^2$，中高压风管大于 $1.0m^2$；圆形风管直径大于 800mm 且其管段长度大于 1250mm 或总表面积大于 $4m^2$，均应采取加固措施。如图 2-15（b）所示。

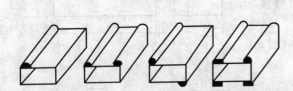

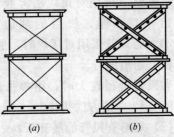

图 2-14　矩形风管咬口位置的设置示意图　　　　图 2-15　矩形风管的加固

加固框在风管外部用铆钉固定，铆钉间距为 150～200mm，每根角钢上不得少于 4 颗铆钉。

A. 角钢框加固　这种方式加固的强度大，目前广泛采用。角钢规格可以略小于法兰的规格，当大边尺寸为 630～800mm 时，可采用 25mm×4mm 的扁钢做加固框；当大边尺寸为 800～1250mm 时，可采用 25mm×25mm×4mm 的角钢做加固框；当大边尺寸为 1250～2000mm 时，可采用 30mm×30mm×4mm 的角钢做加固框。

加固框的制作安装与风管法兰的制作安装一样，必须与风管铆接，铆钉的间距与铆接法兰相同。

B. 用角钢加固大边　适用于风管大边尺寸在应加固规定范围，而风管的小边尺寸未在规定范围，其施工简单，可节省材料，但外观欠佳。使用的角钢规格可与法兰相同。

C. 接头起高加固　即采用立咬口进行加固。可节省钢材，但加工工艺复杂，而且接头处易于漏风，目前采用的不多。

D. 风管内壁设置肋条加固　一般很少采用，仅用于外形要求美观的明装风管。加固肋条由 1.0～1.5mm 的镀锌钢板加工，间断铆接在风管的内壁。

E. 风管壁板上滚槽加固　风管展开下料后，先将钢板放在滚槽机械上进行十字线或直线形滚槽，然后咬口、合缝。由于使用专用机械，工艺简单，并能节省人工和钢材。但因有滚槽，不能用于洁净系统。

2.3.2　风管与风管、配件之间的连接

风管与风管、配件之间的连接常用法兰连接、抱箍连接和插入连接，其中法兰连接应用最广，后两种连接多用于圆形风管的送排风以及除尘系统中。

（1）法兰连接

加工制作的风管和配件，在未安装前，应先装上法兰，风管和法兰的连接可采用翻边、铆接或焊接，如图 2-16 所示。

当风管与扁钢法兰连接时，可采用
6～10mm 的翻边，将法兰套在风管上，
并使之接触紧密。翻边尺寸不能太大，
防止遮住螺栓孔，使安装不便。

当风管与角钢法兰连接，管壁厚度
小于或等于 1.5mm 时，可采用翻边铆

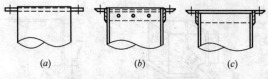

图 2-16　法兰与风管的连接

(a) 翻边；(b) 铆接；(c) 焊接

接。铆接时先将法兰与风管用直径 4～5mm 的铆钉铆接起来，再用小锤将管端翻边。

如果风管壁厚大于 1.5mm 时，风管与角钢法兰连接可采用焊接。一种是翻边后，将
风管法兰点焊在一起，另一种是将风管的管端缩进法兰 4～5mm，然后沿风管周边焊满。

（2）抱箍连接

抱箍连接又称为抱带连接，如图 2-17 所示。它是将加工好的抱箍套在风管上，将两
根风管对在一起，在箍内垫上气密性材料（浸过油的棉纱或废布条），上紧螺栓即可。

（3）插入连接

插入连接是将带凸棱的连接短管插入风管的端部，接口外部用抽芯铆钉或自攻螺钉加
以固定，为保证其严密性，插口处用胶带密封，如图 2-18 所示。

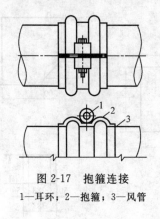

图 2-17　抱箍连接

1—耳环；2—抱箍；3—风管

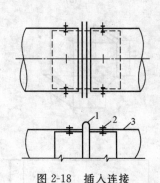

图 2-18　插入连接

1—连接短管；2—自攻螺丝或抽芯铆钉；3—风管

2.4　管件的加工制作

常用的通风管管件有弯头、三通、四通、变径管（大小头、天圆地方）、来回弯等，
对于它们的展开下料，常用画法几何中的平行线法、三角形法、求实长线等方法来解决。

2.4.1　弯头的展开下料

弯头是风管转弯时的部件，弯头尺寸主要取决于风管的尺寸、弯曲角度和弯曲半径，
根据断面形状可分为圆形弯头和矩形弯头。

（1）圆形弯头的下料

圆形弯头又称虾米弯，由两个端节和若干个中间节组成。

圆形弯头的展开采用的是平行线展开法，类似焊接弯头样板图的绘制，两者绘制方法
相同，不同之处在于通风管弯头应预留出咬口留量及法兰翻边留量（端节与中间节采用单
立咬口）。

（2）矩形弯头的展开下料

常用的矩形弯头有内弧形弯头、内外弧形弯头、内斜线矩形弯头。它们主要由两块

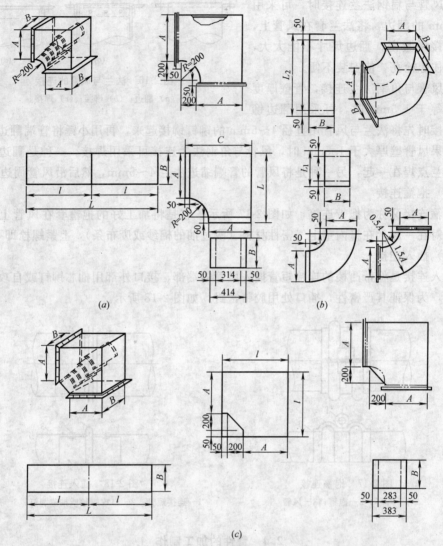

图 2-19 矩形弯头的展开

(a) 内弧形矩形弯头；(b) 内外弧形矩形弯头；(c) 内斜线形矩形弯头

侧壁、弯头背、弯头腹四部分组成，如图 2-19 所示。

对于内外圆弧形弯头，弯头背和弯头腹尺寸以 B 表示，它的弯曲半径为 $l \times A$，所以弯头腹的弯曲半径 $R_1 = 0.5A$，弯头背的弯曲半径为 $R_2 = 1.5A$；下料时，用 R_1、R_2 先展开侧壁，应加上上下圆弧的咬口留量和两端的法兰翻边留量，图 2-19 (b) 的法兰翻边留量为 50mm。弯头背的展开长度 $L_2 = 2\pi R_2/4 = 1.57R_2$；弯头腹展开长度 $L_1 = 2\pi R_1/4 = 1.57R_1$，宽度为 B，同时应留出法兰留量和咬口留量。

对于内弧形弯头，一般取内圆弧 $R = 200$mm，弯头腹展开长度 $L_1 = 1.57 \times 200$mm $= 314$mm；弯头背展开长度 $L_2 = 2A + 400$，如图 2-19 (a) 所示。弯头中的导流叶片是用下好料的薄钢板弯成弧形，然后固定在弯头内部。

（3）弯头的加工

52

对于圆形弯头，先将已剪好的端节、中间节的展开板料用木拍板拍好纵咬口，加工成带斜口的短管，再用手工或机械加工出立咬口，把各节组对起来，就成为一个弯头，各节的纵向咬口应错开。

对于矩形弯头，加工方式与矩形风管类似。

2.4.2　变径管的下料加工

在通风与空调工程中变径管用来连接不同断面的风管，变径管主要有圆形变径管、矩形变径管和天圆地方变径管。除矩形变径管外，其他变径管没有一定标准，它们的尺寸根据现场安装部位而定，一般扩张角为 25°～35°。

（1）矩形变径管的下料

矩形变径管由四块板组成，其各板的下料，可用三角形法通过求实长而展开，如图 2-20 所示，展开图中 Ab 线长度等于实长线图中 Cb 线，bC 线长度等于 Cb' 线长度等。展开后，应留出咬口留量和法兰留量。四角采用咬口连接，加工方法同矩形直风管。

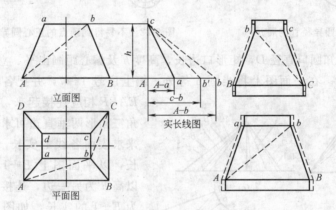

图 2-20　矩形变径管的展开

（2）圆形变径管的下料

1）可得到顶点的正心（同心）圆变径管　当变径管的大口直径与小口直径相差较大时采用放射线法展开，画法如图 2-21 所示。

按照已知大口直径 D、小口直径 d 和高度 h，先做出立面图，然后得到圆心 O 点，以 O 点为圆心，OA、OC 为半径做两圆弧，将平面图上的外圆 12 等分，把这些等分弧依次丈量在以 OA 为半径的弧线上，图形 $A''A'C'C''$ 即为变径管的展开图，剪切时，应留出咬口留量和法兰留量。

2）不易得到顶点的同心圆变径管的下料　当圆形变径管的大小口径相差很少，交点 O 将在很远处，这就应采用近似画法来展开。根据已知大口直径 D、小口直径 d 以及高度 h 画出平、立面图，把平面图上的大小圆周各做 12 等分，以变径管管壁素线实长 L 及 $\pi D/12$、$\pi d/12$ 作出分样图，然后用分样图在平板上依次画出 12 块，即成此圆形异径管的展开图，如图 2-22 所示。此法简单实用，但在连接 πD 和 πd 圆弧时可用曲线尺画弧以减少误差。

（3）天圆地方的下料

凡是圆形断面变为矩形断面的风管，均需天圆地方，如风机出口、送风口、排气罩等与风管连接处，它可以用三角形法和近似的方法展开下料。下面以三角形法讲述偏心天圆地方的展开下料画法。

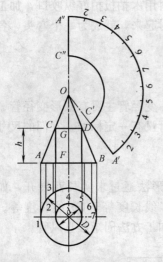

图 2-21　正心圆异径管的展开

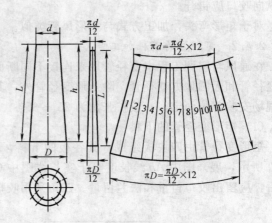

图 2-22　不易得到顶点的正心圆异径管的展开

首先根据已知圆口直径 D，矩形口边长，高度 h 及偏心距画出平、立面图，如图 2-23 (a)、(b) 所示。在平面图上将半圆 6 等分，编上序号 1～7，并把各点和矩形底边的 $EABF$ 相应连接起来，然后利用已知直角三角形两垂直边可求得斜边长的方法来求表面各线的实长，例如求 $E—1$ 实长，以平面图上 $E—1$ 的投影为一边，以高 h 为另一边，连接两端点的斜线即为 $E—1$ 的实长，如图 2-23 (c)；以平面上的 $A—1$ 投影为一边，以高 h 为另一边，连接两端点的斜线即求得 $A—1$ 实长；同理，依次画出各线实长。

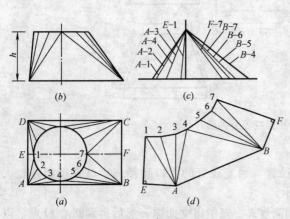

图 2-23　偏心天圆地方的展开

最后画展开图，利用已知三角形三边长做三角形的方法画出天圆地方侧面展开的三角形，并以相邻公用线为基线依次画出各个三角形并组合起来，即得天圆地方展开图，参见图 2-23 (d)。其画法是在一直线上截取 $E—1$ 实长为 $1—E$，以 E 和 $A—1$ 的实长为半径，分别以 E 和 1 两点为圆心，画弧交于 A 点；以 $A—2$ 的实长和 $1—2$ 的弦长为半径，分别以 A 和 1 为圆心，圆弧交于 2。这样依次画下去，连接各点，就得到偏心天圆地方对称一半的展开图。

（4）变径管的加工

圆形变径管的加工，其咬口留量和法兰留量应留得合适，否则会出现大口法兰与风管不能紧贴，小口法兰套不进去等现象，如图 2-24 (a) 所示，为防止出现这种情况，在下料时，可把相邻的直管剪掉一些，或把变径管高度减少，留出短管，如图 2-24 (b) 所示。当采用扁钢法兰时，因扁钢厚 4～

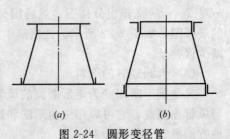

图 2-24　圆形变径管

54

5mm，在下料时稍加留心，把小口稍缩小些，把大口稍放大些，套上法兰后，用小方锤把翻边打平，就可得到合格的圆形变径管。

矩形变径管和天圆地方的加工，可用一块板制成，也可用四块板材制成，制作时，先拍好咬口，再把咬口挂钩打实。

2.4.3 三通的下料与加工

三通有圆形和矩形两种，由主管和支管两部分组成。

（1）圆形三通的下料

圆形三通的下料展开图是利用放射线法绘制的。

图 2-25 为圆形三通立面图，图中大口径为 D，小口径 D'，支管管径 d，三通高 H，主管与支管轴线的交角为 α。在一般通风与空调系统中 $\alpha=15°\sim60°$，除尘系统中 $\alpha=15°\sim30°$。主管出口和支管出口边缘之间的距离为 δ，δ 应大于两接口法兰的边宽，便于上紧螺栓。

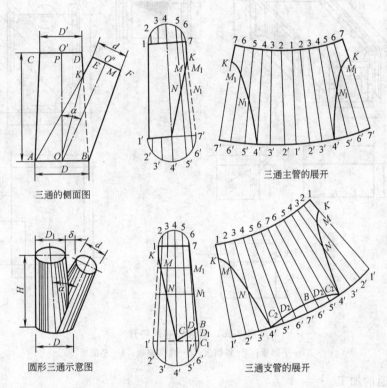

三通的侧面图　　三通主管的展开

圆形三通示意图　　三通支管的展开

图 2-25　圆形斜三通的展开画法

主管部分展开图的画法，根据 D、D'、d、α 及 δ 做主管部分的立面图，确定三通高度为 H，然后在上下口径上各做辅助半圆并把它 6 等分，按顺序编上相应的序号，并画上相应的外形素线，把主管先看做大小口径相差较小的圆形异径管，据此画出扇形展开图，并编上序号。扇形展开图上截取 $7K$，等于立面图上 $7K$，截取 $6M$ 等于立面图上 6 号素线的实长 $7M_1$，截取 $5N_1$ 等于立面图上 5 号素线的实长 $7N_1$，4 号素线的实长即立面图上的 $77'$，等于扇形展开图上的 $44'$，将扇形展开图上的 KM_1N_14' 连成圆滑的曲线，两侧对称，则得主管部分的展开图。

支管部分展开图的画法基本和主管部分的展开图的画法相同，参见图 2-25 下部图形。图中未画出咬口留量和法兰翻边留量，加工时应按照规范的要求留出。

（2）矩形三通的下料

矩形三通有整体式、插管式和封板式，现以常用的整体式三通为例，说明其展开方法。

矩形整体式三通由平侧板、斜侧板、角形侧板和两块平面板组成，如图 2-26 所示。展开时可先根据设计或规范查出 A_1、A_2、A_3、B、H、L 等尺寸，再画出各部分的展开图。平侧板为矩形，如图 2-26 中的 1，斜侧板和角形侧板也为矩形，但必须在展开图中画出折线，便于加工时压折成型，如图 2-26 中的 2、3，两块平面板的尺寸是相同的，只画出一块即可，如图 2-26 中的 4。

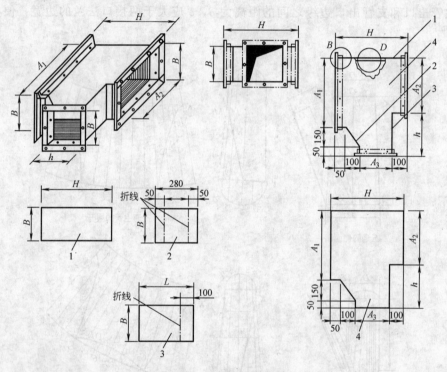

图 2-26　矩形三通的展开

1—平侧板；2—斜侧板；3—角形侧板；4—平面板

（3）三通的加工

圆形三通主管与支管的接合缝连接方式，可采用焊接或咬口连接。若采用焊接，可采用对接缝形式，若板材较薄，可将接合缝处扳起 5mm 左右的立边，再用气焊焊接；若用咬口连接时，可用覆盖法咬接，应用该方法时，先将主管和支管的纵向咬口放在侧面，把展开的主管平放在支管上，用如图 2-27 中的 1、2 所示的步骤加工接合缝，然后用手扳开主管和支管，把接合缝打平，如图 2-27 中的 3、4，

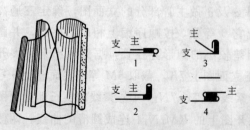

图 2-27　三通覆盖法咬接

最后把支管和主管圈圆,并打紧、打平纵向咬口,再进行三通的找圆和修整工作。

矩形三通的加工基本上与矩形风管的加工方法相同,仍然采用转角咬口、联合角咬口或按扣式咬口连接。

2.4.4 来回弯的下料与加工

来回弯是由两个小于90°的弯头组成,其展开方法与弯头展开方法相同,常用的有圆形来回弯头和矩形来回弯头。

（1）圆形来回弯的下料

如图 2-28 所示,L 表示来回弯的长度,h 表示偏心距,先画出矩形 $ABCD$,使 $BD=h$,$CD=L$,连接 AD 并求出中点 M,分别做 AM、DM 的垂直平分线,与 DB 的延长线交于 O 点,与 AC 的延长线交于 O_1 点,O 和 O_1 点就是来回弯中心角的顶点,按已知风管直径,分别以 A、D 两点截取点 1、2、3、4,以 $O3$、$O4$ 及 O_11、O_12 为半径,分别以 O 及 O_1 为圆心,画弧并相接,即得来回弯的立面图。连接 O_1O 两点,把来回弯分成两个角度相同的弯头,然后按圆形弯头的展开方法再进行分节。在展开时把两个端节画在一起。

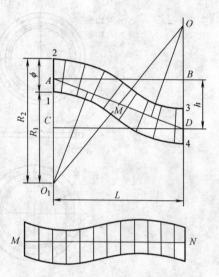

（2）矩形来回弯的下料

矩形来回弯是由两块相同的侧壁和四块相同的上下壁组成,如图 2-29 所示,其立面图的画法与圆

图 2-28 圆形来回弯和中间节展开

形来回弯相同,侧壁可按圆形来回弯的方法展开,上、下壁的长度 L,是立面图上的弧线长度,可用钢卷尺量出。

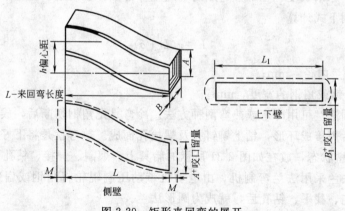

图 2-29 矩形来回弯的展开

对于来回弯的加工,可参照弯头的加工方法。

2.4.5 通风与空调系统零部件的加工

（1）风管法兰的加工

目前在通风空调系统中,风管与风管、风管与部件（配件）之间的连接,主要采用法兰连接这种形式。法兰连接拆卸方便并能增加风管的刚性,使安装和维修都较方便。按照风管的断面形状可将风管的法兰分为圆形法兰和矩形法兰。

法兰常用扁钢或角钢制作而成，如图 2-30 所示。圆形风管外径 $D<280mm$ 时，用扁钢制作法兰；$D\geqslant300mm$ 的圆形风管及矩形风管的法兰均用角钢制作。

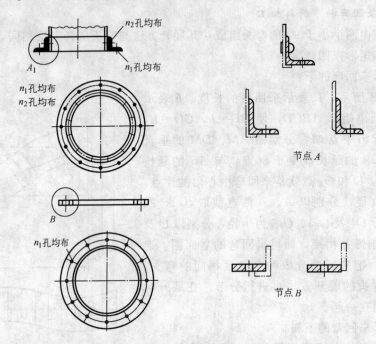

图 2-30　圆形风管法兰

风管法兰的加工顺序为：量尺下料→组合成形→焊接→成对钻孔。

1）圆形法兰的加工　圆形法兰可用手工或机械弯制，由于弯制时外圆弧受拉，内圆弧受压，改变了原来长度，在加热弯制时，还应考虑热伸长问题。正常情况下，圆形法兰的下料长度可用下式计算

$$L=\pi(D+b) \tag{2-1}$$

式中　D——法兰内径，mm；

　　　b——扁钢或角钢的宽度，mm。

手工弯制圆法兰可用冷弯或热弯两种方法。冷弯是把角钢切断后，放在弧形槽上用锤敲打成型，最后焊接成环形，钻上铆钉孔及螺栓孔而成。热弯就是将下好的料（角钢或扁钢），加热到可塑状态，放在如图 2-31 所示的胎具上，煨制、焊接、钻孔而成。

机械弯制法兰采用法兰弯制机，由电动机带动压制辊轮将角钢或扁钢卷圆，再经切断、焊接、磨光、找平、钻孔后，就成为圆形法兰。

2）矩形法兰加工　矩形法兰如图 2-32 所示，它是由四根角钢组成，总下料长度为 $L=2(A+B+2C)$，A 和 B 分别为长和宽，C 为角钢宽度。角钢应先调直，下料要准确，法兰边长大于风管外边长 2～3mm，将画好线的角钢切断，钻出铆钉孔，就可焊接成型，最后成对钻好螺栓孔，螺栓孔应比螺栓直径大 1.5mm。

在矩形法兰加工时，应注意焊接后的法兰内径不能小于风管的外径。角钢切断后，应把角钢进行找正调直，并把两端的毛刺锉掉，然后在台床上钻出铆钉孔，就可进行焊接。

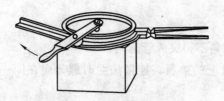

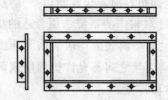

图 2-31　热弯法兰示意图　　　　　　图 2-32　矩形风管法兰

为了保证法兰平面的平整，焊接应在平台上进行。焊接前应仔细复核角钢长度，使焊成的法兰内径不大于允许误差。焊接时，先把大边和小边两根角钢点焊成直角，然后再拼成一个法兰。用钢直尺量对角线的长度来检查法兰四边是否角方，经检查合格后，再用电焊焊牢。焊好的法兰，可按规定的螺栓间距进行画线，并均匀地分出螺栓孔的位置，用样冲定点。为了安装方便，螺孔直径应比螺栓直径大 1.5mm，随后将两个相配套的法兰框用夹子夹在一起，在台钻上钻出螺栓孔。

风管法兰在加工时应注意以下几点：

A. 法兰材料不应小于附表 2-14 及附表 2-15 的规定。

B. 中低压系统风管法兰的螺栓及铆钉孔的孔距不得大于 150mm；高压系统风管法兰的螺栓及铆钉孔的孔距不得大于 100mm；非金属风管法兰的螺栓及铆钉孔的孔距不得大于 120mm。矩形法兰的四个角部都应设置螺栓孔，螺栓孔的位置处于角钢的中心（减去角钢的厚度）。

C. 风管法兰的焊缝应熔合良好、饱满，无虚焊和孔洞，法兰平面度的允许偏差为 2mm。

D. 风管与法兰采用铆钉连接时，铆接应牢固，不应有脱铆和漏铆的现象；金属风管翻边应平整、紧贴法兰，翻边宽度应均匀一致，宽度为 6～9mm，不得有开裂和空洞。

E. 风管与法兰采用焊接连接时，风管端面不得突出于法兰接口平面；采用点焊固定连接时，焊点应熔合良好，间距不大于 100mm，法兰与风管应紧贴，不应有透缝或孔洞；除尘系统的风管，宜采用内侧满焊、外侧间断焊的形式，风管端面距法兰接口平面不小于 5mm。

F. 不锈钢风管或铝板风管的法兰可用同材质的材料制作。当采用碳素钢时，应根据设计要求进行防腐处理，铆钉应采用与风管材料相同或不产生电化学腐蚀的材料。

（2）风管法兰垫料

用于风管法兰密闭用的垫料应具有较好的弹性，不吸水，不透气。常用的有以下几种：

1）橡胶板。橡胶板弹性好，防水性好，可塑性强。在一般的空调系统和送排风系统中均可应用。

2）石棉橡胶板。有较好的耐高温性、弹性和耐腐蚀性。

3）软聚氯乙烯板。可用于工作压力小于或等于 0.6MPa，工作温度小于或等于 50℃的管道上。

4）闭孔海绵橡胶板。目前比较广泛地应用于暖通工程的风系统中。

在法兰加垫料时，应注意以下几点：

A. 应针对相应的系统选用合适的垫料，不能用错。

B. 法兰和垫料表面均应清洁无杂质，垫料不得突入管道内。

C. 一副法兰之间不允许垫两层或两层以上的垫料，连接法兰时螺母应在同一侧，拧螺栓时应对称拧紧。

（3）柔性短管的加工

柔性短管装在风机入口和出口处，可减小振动和噪声，其长度为 150～250mm。柔性短管多用帆布做成，用镀锌薄钢板衬在里侧，用铆钉与法兰盘固定。

加工制作时注意：

1）帆布下料时，应留出 20～30mm 的圆周搭接量，用缝纫机缝合；

2）镀锌薄钢板厚 1mm，铆钉间距 60～80mm。

课题3　通风与空调系统加工安装草图的绘制

3.1　绘制草图的目的与准备

通风空调施工图是加工制作风管、配件以及现场安装的主要依据。但在施工图中，一般只标明风管系统的大致位置、标高、形状和截面尺寸（管径或边长尺寸），除了一部分标准部件，如送风口、回风口和阀门等可按采暖通风标准大样图制作外，其他管道、管配件均不能在施工图上确切地表达出具体的制作尺寸和安装尺寸，如风管的长度、弯头的弯曲半径和角度、三通或四通的高度及夹角等。因此，根据通风与空调施工图已给定的条件，通过实际测量与分析计算，绘制出与施工现场情况吻合的通风空调系统加工安装草图，具体确定通风与空调系统各风管、管配件的加工尺寸和安装尺寸，提供加工表，作为预制加工和现场组合安装的依据，是进行通风与空调系统安装前必不可少的步骤，也是绘制加工安装草图目的之所在。

为了使加工安装草图更好地符合施工现场实际情况，应做好草图绘制前的如下准备工作：

（1）熟悉施工图纸

应很好地熟悉施工图纸（包括通风空调设备安装详图、标准图集、施工说明及设备明细表等），施工图纸中对施工要求，施工验收规范和有关的技术文件；了解通风与空调系统房间内其他管道及图纸情况；了解通风空调设备的产品样本以及在图中安装的相对位置、标高和连接口的尺寸。

图 2-33 为某铸造车间通风系统平面图，它表明了系统风管、配件、部件和设备在平面图上的位置及主要尺寸。

图 2-34 为该通风系统的剖面图，它反映了系统在垂直面上的位置及主要尺寸，如风机、风管和风口安装的标高。平面图和剖面图的结合表示了系统风管和管配件的空间定位或相互关系。

图 2-35 为通风系统的管网系统图，它有助于进一步分析平、剖面图，并了解各风管

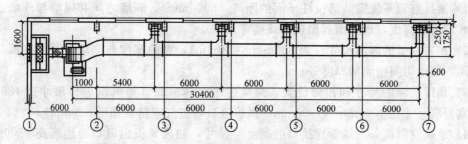

图 2-33　某铸造车间通风系统平面图

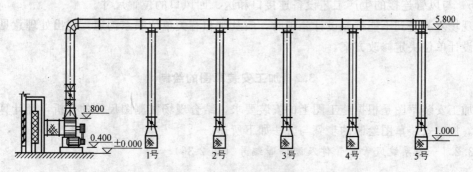

图 2-34　通风系统的剖面图

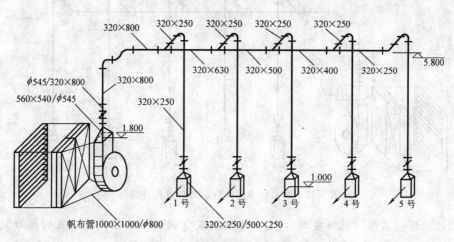

图 2-35　通风系统的管网系统图

的管径或截面尺寸。

以上三图以及通风设备安装详图、标准图集、部件制作大样图、施工说明及设备明细表等都是通风系统加工、安装草图绘制的依据。

（2）现场实际测量安装尺寸

在绘制加工安装草图前，应根据施工图纸到现场进行复测，以尽量减少由于疏忽或土建施工及其他管道安装所造成的误差，造成不必要的返工。现场所需测量的实际安装尺寸是指安装通风空调系统有关的建筑结构尺寸及预留孔洞的位置尺寸。具体实测内容视实际风管、设备安装需要而定，并注意风管是否与其他物体相碰。

结合前面所说铸造车间的通风系统，现场实测的内容有：

1）通风空调系统安装部位柱子间的距离（6000mm），隔墙之间和隔墙与外墙之间的距离，厂房的高度，地板面到屋顶的高度等。

2）相关柱子的断面尺寸（为800mm×400mm），窗的宽度与高度，梁的底面与层顶的距离，墙壁与间壁墙的厚度等。

3）预留孔洞的尺寸和相对位置，离墙的距离和标高（如风机进口尺寸是φ800mm，进气室留洞尺寸是1000mm×1000mm，风机进口与进气室留洞相距800mm）。

4）通风空调设备与风管连接口的高度与尺寸，如通风机出风口距地面高1800m，出风口尺寸为540mm×560mm。

5）与风管连接的生产工艺设备连接口和送、回风口的位置尺寸。

现场复测碰到不能按原设计施工时，应及时和有关单位联系沟通，提出处理意见，最后由设计单位决定修改方案。

3.2 加工安装草图的绘制

加工安装草图是根据施工图上的安装要求，结合现场实测图尺寸的分析，经计算来绘制的。加工安装草图绘制的步骤与方法如下所述。

3.2.1 给系统风管、管件及配件等编号（图2-36）

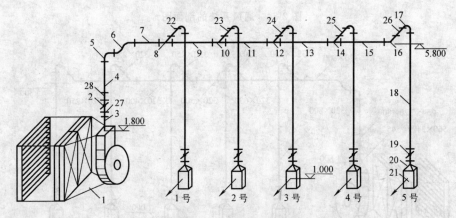

图2-36 给系统中的风管、管件及配件编号

3.2.2 根据实际（现场实测），定出风机（或空调机组）出风口（及回风口）、末端送风口的安装位置尺寸

例如，上述铸造车间通风系统风机出口中心的安装位置尺寸是：离地面±0.000高1.800m，距北面墙面1600mm，距②轴线柱子中心1000mm，如图2-33和图2-34所示；各末端送风口中心的安装位置尺寸是：离地面±0.000高1.000m，距北面墙面250mm，距相应轴线柱子中心600mm（如5号末端送风口与⑦轴线柱子中心的距离）。

3.2.3 确定各风管、部件和配件的加工制作尺寸及安装尺寸

通风空调系统的安装尺寸是由系统的风管、部件和配件等有关尺寸构成的，为了使系统的组装符合图纸要求，在绘制安装草图之前必须确定它们的定形尺寸和有关的加工尺寸。

风管——指用板材制成的方形或圆形管子，其制作尺寸圆形风管以外径为准，矩形风

管以外边长为准，再加上风管的长度。风管加工制作的规格应按附表 2-12 和附表 2-13 的标准化规格来进行。

部件——指通风空调系统中各类风口、阀门、排气罩、风帽、支架、吊架等，它们大多根据标准图集选定尺寸。

配件——指通风空调系统的弯头、三通、四通、变径管、静压箱、导流片和法兰等，其加工安装尺寸有的可从标准图集中查取，有的可根据施工图计算或作图来确定（参见单元 2 课题 2）。风管法兰的用料规格见附表 2-14 和附表 2-15。

在安装尺寸的安排上，应先定出系统中各配件的加工制作尺寸，如三通、弯头、变径管、天圆地方和来回弯等的加工制作尺寸，从而先确定各配件的安装尺寸；然后定出配件组合连接件（如来回弯与弯头等）的组合安装尺寸；最后用直风管的加工制作尺寸作为安装的调节尺寸。

例如，铸造车间通风系统风管、部件和配件的加工制作尺寸及安装尺寸是这样来确定：

（1）天圆地方加工安装尺寸的确定

1）天圆地方 3（数量 1 个，如图 2-37 所示）：

根据风机出口尺寸 560mm×640mm 和启动阀 2 标准图（图号 T301-5），知天圆地方 3 的加工尺寸 $A=560$mm，$B=640$mm，$d=545$mm，加工安装尺寸 h 取；

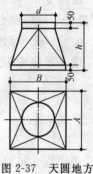

图 2-37　天圆地方

$$h \approx \frac{A+B+d}{3}$$

$$=\frac{560+540+545}{3}$$

$$=548\text{mm}（圆整，取 600mm）$$

2）天圆地方 28（数量 1 个）：

根据启动阀 2 和风管 4 截面连接尺寸要求，得其加工尺寸 $d=545$mm，$A=320$mm，$B=800$mm，加工安装尺寸 h 取 500mm；

（2）矩形变径管加工安装尺寸的确定

矩形变径管 20（数量 5 个，图 2-38）取：

$$H \approx \frac{A_1+B_1+A_2+B_2}{4}$$

$$=\frac{320+250+250+500}{4}$$

$$=330\text{mm}（圆整，取 400mm）$$

将确定的加工安装尺寸 A_1、B_1、A_2、B_2、H 列在加工明细表中（表 2-11）。

（3）弯头加工安装尺寸的确定（图 2-39）

通常弯头的弯曲半径 R 取弯头侧板的宽度 A 值，内板弧半径取 0.5A 值，外板弧半径取 1.5A 值。因此：

1）弯头 5（数量 1 个）$A=320$mm，$B=800$mm，取 $R=320$mm

2）弯头 16（数量 1 个）$A=250$mm，$B=320$mm，取 $R=250$mm

3）弯头 17（数量 5 个）$A=320$mm，$B=250$mm，取 $R=320$mm

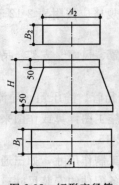

图 2-38 矩形变径管

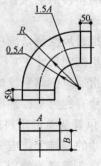

图 2-39 弯头

弯头在安装时，有两个方向上的安装尺寸，它们都等于 $R+50$mm。同样要将弯头的加工安装尺寸 A、B、R 和安装尺寸 $R+50$ 列在加工明细表中（表 2-11）。

（4）来回弯加工安装尺寸的确定（图 2-40）

由图 2-33 可知，通风水平干管外侧边要求离北墙面 1510mm，由此可算知来回弯 6（数量 1 个）的偏心距离 h 为：

$$h=1600-1510+320÷2=250\text{mm}$$

取来回弯弯头角度 $\alpha=30°$，弯曲半径 R 和长度 L 为：

$$R=0.5h/(1-\cos 30°)=\frac{250}{2(1-\cos 30°)}$$

$$=933\text{mm}$$

$$L=2R\sin 30°=2×933×0.5=933\text{mm}$$

来回弯 6 的加工安装尺寸 A（800mm）、B（320mm）、R（933mm）、α（30°）、h（250mm）和 l（$L+2×50=1033$mm）见加工明细表表 2-11。

（5）三通加工安装尺寸的确定（图 2-41）

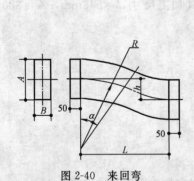

图 2-40 来回弯

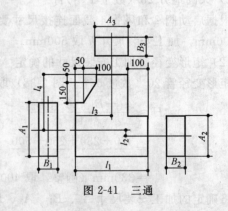

图 2-41 三通

1）三通 8（数量 1 个）加工安装尺寸：

$A_1=800$mm，$B_1=320$mm

$A_2=630$mm，$B_2=320$mm

$A_3=250$mm，$B_3=320$mm

$l_1=150+A_3+100=500$mm

$l_2=(A_1-A_2)÷2=85$mm

$l_3 = 150 + A_3/2 = 275\text{mm}$

$l_4 = 200 + A_1/2 = 600\text{mm}$；

2）三通 10（数量 1 个）加工安装尺寸：

$A_1 = 630\text{mm}$，$B_1 = 320\text{mm}$

$A_2 = 500\text{mm}$，$B_2 = 320\text{mm}$

$A_3 = 250\text{mm}$，$B_3 = 320\text{mm}$

$l_1 = 150 + A_3 + 100 = 500\text{mm}$

$l_2 = (A_1 - A_2) \div 2 = 65\text{mm}$

$l_3 = 150 + A_3/2 = 275\text{mm}$

$l_4 = 200 + A_1/2 = 515\text{mm}$；

3）三通 12（数量 1 个）加工安装尺寸：

$A_1 = 500\text{mm}$，$B_1 = 320\text{mm}$

$A_2 = 400\text{mm}$，$B_2 = 320\text{mm}$

$A_3 = 250\text{mm}$，$B_3 = 320\text{mm}$

$l_1 = 150 + A_3 + 100 = 500\text{mm}$

$l_2 = (A_1 - A_2) \div 2 = 50\text{mm}$

$l_3 = 150 + A_3/2 = 275\text{mm}$

$l_4 = 200 + A_1/2 = 450\text{mm}$；

4）三通 14（数量 1 个）加工安装尺寸：

$A_1 = 400\text{mm}$，$B_1 = 320\text{mm}$

$A_2 = 250\text{mm}$，$B_2 = 320\text{mm}$

$A_3 = 250\text{mm}$，$B_3 = 320\text{mm}$

$l_1 = 150 + A_3 + 100 = 500\text{mm}$

$l_2 = (A_1 - A_2) \div 2 = 75\text{mm}$

$l_3 = 150 + A_3/2 = 275\text{mm}$

$l_4 = 200 + A_1/2 = 400\text{mm}$；

（6）直风管加工安装尺寸的确定（图 2-42）

1）风管 4（数量 1 个）加工安装尺寸：

$A = 320\text{mm}$，$B = 800\text{mm}$

$L = 5800 - 1800 - 600 - 150 - 400 - 500 - (320 + 50) + 320 \div 2 - 2 \times 6$

$= 2128\text{mm}$

式中 150mm 是帆布连接管 27 的安装长度；2×6 是考虑管件法兰连接中法兰垫厚对安装尺寸的影响而减的。

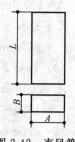

图 2-42 直风管

2）风管 7（数量 1 个）加工安装尺寸：

$A = 320\text{mm}$，$B = 800\text{mm}$

$L = 7000 - 600 - l_3 - 1033 - (320 + 50) - 2 \times 3$

$= 4716\text{mm}$

式中 l_3 是三通在水平 X 方向上的尺寸，$l_3 = 275\text{mm}$。

3）风管 9（数量 1 个）加工安装尺寸：

$A=320mm，B=630mm$

$L=6000-(500-l_3)-l_3-2\times2$

$\quad=5496mm$

4）风管 11（数量 1 个）加工安装尺寸：

$A=320mm，B=500mm$

$L=6000-(500-l_3)-l_3-2\times2$

$\quad=5496mm$

5）风管 13（数量 1 个）加工安装尺寸：

$A=320mm，B=400mm$

$L=6000-(500-l_3)-l_3-2\times2$

$\quad=5496mm$

6）风管 15（数量 1 个）加工安装尺寸：

$A=320mm，B=250mm$

$L=6000-(500-l_3)-(250+50)-2\times2$

$\quad=5471mm$

7）风管 18（数量 5 个）加工安装尺寸：

$A=250mm，B=320mm$

$L=5800+320\div2-1000-700\div2-400-(320+50)-150-2\times4$

$\quad=3682mm$

8）风管 22（数量 1 个）加工安装尺寸：

$A=250mm，B=320mm$

$L=1750-600-800\div2-250-(320+50)-2\times2$

$\quad=126mm$

风管 22 由于较短，加工制作时也可以考虑与弯头 17（或与三通 8）下料在一起来制作。

9）风管 23（数量 1 个）加工安装尺寸：

$A=250mm，B=320mm$

$L=1750-515-630\div2-250-(320+50)-2\times2$

$\quad=296mm$

10）风管 24（数量 1 个）加工安装尺寸：

$A=250mm，B=320mm$

$L=1750-450-500\div2-250-(320+50)-2\times2$

$\quad=426mm$

11）风管 25（数量 1 个）加工安装尺寸：

$A=250mm，B=320mm$

$L=1750-400-400\div2-250-(320+50)-2\times2$

$\quad=526mm$

12）风管 26（数量 1 个）加工安装尺寸：

$A=250mm，B=320mm$

$$L = 1750 - 250 \div 2 - (250 + 50) - (320 + 50) - 2 \times 2$$
$$= 951\text{mm}$$

3.2.4　验算安装尺寸

（1）验算风机出口至空气分布器 5 水平向右方向（X 方向）的尺寸

此尺寸等于编号 5～16 管、配件在 X 方向的安装尺寸之和，即：$1033 + 4716 + 500 \times 4 + 5496 \times 3 + 5471 + (250 + 50) + 2 \times 11 = 30400\text{mm}$，因与图纸要求的距离 30400mm 相同，所以在 X 方向的安装尺寸符合要求。

（2）验算风机出口至空气分布器 5 水平向里方向（Y 方向）的尺寸

此尺寸等于编号 6、8、22、17 管、配件在 Y 方向的安装尺寸之和，即：$250 + 600 + 126 + (320 + 50) + 2 \times 2 = 1350\text{mm}$，因与图纸要求的距离 $1600 - 250\text{mm} = 1350\text{mm}$ 相同，所以在 Y 方向的安装尺寸符合要求。

（3）验算风机出口至空气分布器 5 垂直方向（Z 方向）的尺寸

此尺寸等于编号 3、2、27、28、4、5、17、18、19、20、21 管、配件在 Z 方向的安装尺寸之代数和，即：$600 + 400 + 150 + 500 + 2128 + (320 + 50) + 2 \times 6 - (320 + 50) - 3682 - 400 - 150 - 700 \div 2 - 2 \times 4 = -800\text{mm}$，这与图纸要求的风机出口至空气分布器 5 高差 $1800 - 1000 = 800\text{mm}$ 相同，所以在 Z 方向的安装尺寸符合要求。

3.2.5　绘制出通风空调系统的加工安装草图

根据分析得出的加工安装尺寸可绘制如图 2-43 所示的加工安装草图。在图中应标出系统所有管、配件的安装尺寸和截面尺寸，并写上加工要求及所用材料。

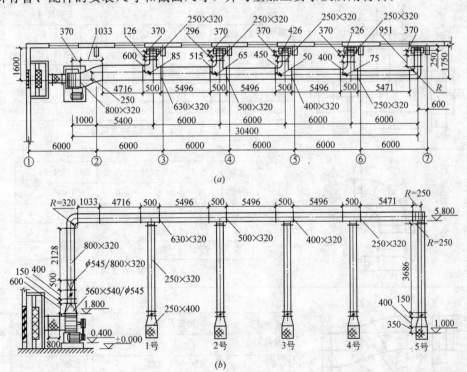

图 2-43　某铸造车间通风系统加工安装草图

(a) 平面图；(b) 立面图

3.2.6 列出通风空调系统管、配件加工的明细表

为了便于送交加工厂进行加工，应列表（简称加工明细表）将系统的风管、管件及配件等详细注明尺寸、数量、材料规格和加工要求等表达清楚，必要时，有的加工件还应绘出加工草图。前述铸造车间通风系统的管、配件加工的明细表见表2-11。

铸造车间通风系统的管、配件加工的明细表　　　　表 2-11

一 直 风 管	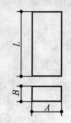 加工要求： 1. 采用咬口连接； 2. 采用角钢∟25×4法兰； 3. 风管材料使用 A₃ 镀锌薄钢板。 当风管大边尺寸＜440mm 时，取镀锌薄钢板厚度 δ=0.6mm；当风管大边尺寸 440mm＜δ＜775mm 时，取镀锌薄钢板厚度 δ=0.7mm；775mm＜δ 时，取 δ=0.82mm	表格

系统 编号	加工尺寸			安装尺寸	数量	附 注
	A	L	B	L		
4	320	2132	800	2128	1	
7	320	4716	800	4716	1	
9	320	5496	630	5496	1	
11	320	5496	500	5496	1	
13	320	5496	400	5496	1	
15	320	5471	250	5471	1	
18	250	3682	320	3682	5	
22	250	126	320	126	1	
23	250	296	320	296	1	
24	250	426	320	426	1	
25	250	526	320	526	1	
26	250	951	320	951	1	

二
分
流
三
通

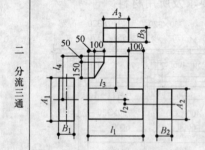

系统 编号	加工尺寸						安装尺寸				数量
	A₁	B₁	A₂	B₂	A₃	B₃	l₁	l₂	l₃	l₄	
8	800	320	630	320	250	320	500	85	275	600	1
10	630	320	500	320	250	320	500	65	275	515	1
12	500	320	400	320	250	320	500	50	275	450	1
14	400	320	250	320	250	320	500	75	275	400	1

加工要求：同直风管

三
弯
头

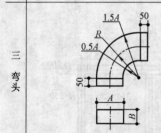

系统 编号	加工尺寸			安装尺寸	数量
	A	B	R	R+50	
5	320	800	320	370	1
16	250	320	250	300	1
17	250	320	320	370	5

加工要求：同直风管

四
来
回
弯

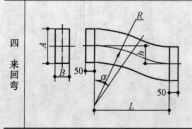

系统 编号	加工尺寸				安装尺寸		数量
	A	B	R	α	h	L+100	
6	800	320	933	30°	250	1033	1

加工要求：同直风管

五变径管	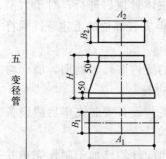						

系统编号	加工尺寸				安装尺寸	数量
	A_1	B_1	A_2	B_2	H	
20	250	320	500	250	400	5

加工要求:同直风管

六天圆地方	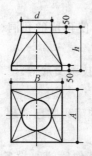

系统编号	加工尺寸			安装尺寸	数量
	A	B	d	h	
28	560	640	545	600	1
3	320	800	545	500	1

加工要求:同直风管

七部件

系统编号	部件名称	型号规格	安装尺寸 H	数量	图号
1	帆布连接管	1000×1000/ϕ800	800	1	
2	风机启动阀	7 号	400	1	T301-5
19	矩形蝶阀		150	5	T302-9
21	空气分布器	矩形 3 号	700	5	T206-1
27	帆布连接管	320×800	150	1	

帆布连接管加工要求:
1. 采用角钢法兰,并与帆布短管连接要紧密;
2. 帆布刷干性油漆两度

附注:1. 所有加工件两侧均按规定装配好法兰;
2. 当风管管长 L>5m 时,可根据施工及运输条件,将风管加工成长度相等的两段风管,中间用法兰连接;
3. 当风管大边长度≥630mm,风管管长 L>1.2m 时,风管应进行加固。加固方法采用角钢加固框,角钢采用∟25×4。加固框铆接在风管外侧,框与框(或框与法兰)间距为1200~1400mm,铆钉规格ϕ4×8,铆钉间距为150~200mm。
4. 所有加工件均应在加工后编号出厂,以便于现场安装。

课题 4　通风与空调管道的安装

4.1　通风与空调管道安装的条件与准备

通风与空调管道安装的一般程序为:安装前的准备→风管支吊架制作安装、风管预制→风管安装→风管严密性试验→风管保温。

4.1.1　通风与空调管道安装的施工条件

1）一般送排风系统和空调系统的管道安装，应在建筑物主体封顶后进行；对于大型建筑物由于工程进度的需要，也可分阶段、分区域进行安装，但安装部位的土建条件须符合风管安装的要求。

2）空气洁净系统的管道安装，应在建筑物内部有关部位的室内装修、地面、墙面均已施工完毕，室内无扬尘源以及具有有效的防尘措施的条件下进行。

3）一般除尘系统风管安装，应在建筑物内与系统有关的工艺设备安装完毕后或设备的接口位置、吸排尘罩位置已经确定的条件下进行。

4）待安装的通风与空调系统管路的各段风管、各个部件和配件均已加工制作完毕并经报验检查合格。

5）在土建施工阶段与土建施工密切配合，做好预留工作，使预留的孔洞、预埋的构件符合设计与规范的要求。

6）施工准备工作已完成，如：施工工具、施工机械、施工技术交底等。

4.1.2　通风与空调管道安装前的准备条件

通风与空调系统的安装要在土建主体基本完成，安装位置的障碍物已清理，地面无杂物的条件下进行。安装前的准备工作主要包括如下内容。

1）审查施工图中风管的位置、规格和标高；检查风管与其他管道、设备是否相撞；参加设计部门的图纸会审。

2）了解土建及其他安装工程的施工计划和施工进度，按设计要求做好预埋件、预留孔工作（预留孔应比风管截面每边尺寸大 100mm）。

3）根据加工安装图、施工计划和现场情况，做好风管、部件及支架的加工制作。

4）准备好安装工具和起重吊装设备。

5）搭好脚手架或安装梯台，尽量利用土建的脚手架。

6）安装开始时，由施工技术人员向班组人员进行技术交底，内容包括技术、标准与措施、质量、安全及注意事项等内容。

4.2　风管支、吊架的安装

风管通常是沿着墙柱、梁、楼板或屋架敷设安装的，并且固定于支吊架上，因此支吊架的安装成为风管安装的重要工序和首要工序，同时其安装的质量直接影响到风管系统的安装质量，甚至会影响到整个安装的进程。

风管支架是根据现场具体情况和风管的质量，用圆钢、扁钢、角钢和槽钢制作，其中圆钢一般用作风管吊架的吊杆，扁钢用于制作抱箍稳定风管，角钢和槽钢作为支撑横梁用。

支吊架的固定可有这样几种方式：抱梁（柱）、预埋铁件焊接、穿楼板固定、在墙内栽埋和膨胀螺栓固定。其中膨胀螺栓固定的方法简便快捷，为工程中常用。但要注意的是，支吊架的安装是风管系统安装的首要工序，支吊架的形式应根据风管安装的部位、风管的规格大小和现场的具体情况来选择，应符合设计要求和国家标准图的要求。

4.2.1 风管的支架

将风管沿墙、柱敷设时，常采用支架来承托管道，风管能否安装得平直，主要取决于支架安装得是否合适。

风管沿墙敷设时支架如图 2-44 所示安装，可按风管标高，定出支架与地面的距离。矩形风管是风管管底标高；圆形风管为中心标高，安装时应注意区别。

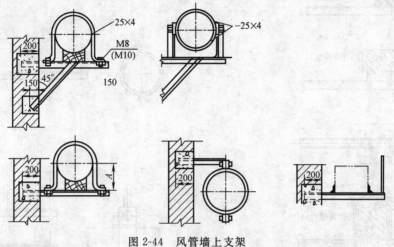

图 2-44　风管墙上支架

风管支架一般用角钢制作，当风管直径大于 1000mm 时，可用槽钢支架。支架上固定风管的抱箍用扁钢制成，钻孔后用螺栓与支架连为一体。

支架埋入砖墙内尺寸应不小于 200mm，用水泥砂浆填实。支架要水平，且垂直于墙面。在钢筋混凝土柱子上安装支架时，可用图 2-45 所示的方法，可预埋螺杆或钢板，或用型钢或圆钢做抱箍。

风管较长时，先拉一根线确定两端支架的标高，再定出中间支架的标高，线要拉紧。当风管很长时，可多找几个支架做基准面，然后定出中间各支架的标高。圆风管改变管径时，支架角架面也应随之改变，保证管中心水平。如安装空气湿度较大的风管，应按设计留出 0.01～0.15 的坡度，以利排除凝结水，支架亦应按坡度要求安装。

4.2.2 风管的吊架

将风管敷设在楼板、屋面大梁和屋架下面，离墙柱较远时，常用吊架来固定风管。

圆形风管的吊架由吊杆和抱箍组成，矩形风管的吊架由吊杆和托铁组成。吊杆用 M6、M8 或 M10 的螺杆，也可用圆钢制作，下端套出 50～60mm 的丝扣，以便调整支架的高度，如图 2-46 所示。抱箍根据风管直径用扁钢制成两个半圆，安装时用螺栓连接在一起。托铁用角钢制作，角钢上穿吊杆的螺孔，应比风管边长宽 40～50mm。安装时，矩形风管用双吊杆或多吊杆，圆风管每隔两个单吊杆中间设一个双吊杆，以防风管摇动。吊杆上部可采用预埋设法、膨胀螺栓法、射钉枪法与楼板、梁或屋架连接固定。

垂直安装的风管，可采用在墙上设立管卡子来固定风管，管卡子做法与吊架类似，即用扁钢做成管箍与预埋于墙中的角钢连接固定。管卡安装时，应以立管最高点管卡开始，并用线锤中线，确定下面管卡位置。

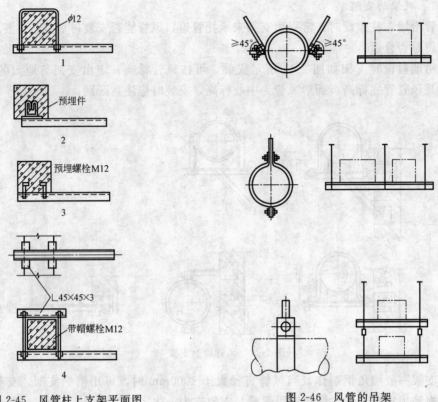

图 2-45 风管柱上支架平面图
1、4—抱箍；2—预埋件；3—预埋螺栓

图 2-46 风管的吊架

4.2.3 支、吊架安装应注意的问题

1）支、吊架的抱箍，应避开配件，尽量设在直管上，便于装支架。

2）风管支、吊架间距如无设计要求时，对于不绝热风管应符合表 2-12 的要求，对于绝热风管支、吊架间距无设计要求的按表 2-12 间距要求值乘以 0.85。

不保温风管支、吊架间距　　　　　　　　　　　　　　　表 2-12

圆形风管直径或矩形风管长边尺寸	水平风管间距	垂直风管间距	最少吊架数
≤400mm	不大于 4m	不大于 4m	2 副
≤1000mm	不大于 3m	不大于 3.5m	2 副
>1000mm	不大于 2m	不大于 2m	2 副

3）支、吊架的预埋件或膨胀螺栓埋入部分不得刷油漆，并应除去油污。吊架不得直接吊在法兰上，且距法兰的边缘大于等于 200mm。

4）风管与支、吊架接触的地方应垫木块或其他隔离材料；绝热风管的垫块厚度应与绝热层厚度相同。

5）支、吊架的标高必须正确，如圆形风管管径由大变小，为保证风管中心线的水平，支架型钢上表面标高应作相应提高。对于有坡度要求的风管，支架的标高也应按风管的坡度要求调整安装，即首先安装头尾两个支架，随后拉线确定中间支架的位置，这样同时也可消除建筑本身构件标高的偏差对风管安装的影响。

6）当水平悬吊的主、干风管长度超过 20m 时，应设置防止摆动的固定点，每个系统不应少于 1 个。

7）支、吊架不宜设置在风口、阀门、检查门及自控机构处，离风口或插接管的距离不宜小于 200mm。

4.3　风管的安装

当系统的风管、配件、部件已按照设计图纸或加工草图预制完成，主体结构上风管安装需要的预留孔洞和构件检查无误，风管支吊架也已安装完成，就可以进行风管的安装了。风管安装可分为两个步骤：地面组合连接和上架安装。

4.3.1　风管的组合连接

就是根据设计图纸或加工草图，将预制的风管按照安装顺序和不同的系统运送到现场进行风管和配件部件的预组对安装，以便检查其规格和数量、安装尺寸是否有差错。风管的连接长度应按风管的口径、壁厚、安装的结构部位和吊装的方法等因素决定，一般可接到 10～12m 左右。

1）法兰连接：风管与风管、风管与配件部件之间的组合连接采用法兰连接，安装和拆卸都比较方便，日后的维护也容易进行。

风管组合连接时，先把两风管的法兰对口，逐个穿入螺栓并套上螺母，调正法兰对称均匀用力，将各个螺栓拧紧，注意要使螺栓方向一致，拧紧后的法兰间垫料厚度均匀一致。

2）无法兰连接：由于受到材料、机具和施工的限制，每段风管的长度一般在 2m 以内。因此系统内风管法兰接口众多，很难做到所有的接口严密，风管的漏风量也因此比较大。无法兰连接施工工艺把法兰及其附件取消掉，取而代之的是直接咬合、加中间件咬合、辅助夹紧件等方式完成风管的横向连接。

无法兰连接的接头连接工艺简单，加工安装的工作量也小，同时漏风量也小于法兰连接的风管，即使漏风也容易处理，而且省去了型钢的用量，降低了风管的造价。

无法兰连接适用于通风、空调工程中的宽度小于 1000mm 风管的连接。

图 2-47 是圆形风管无法兰连接中的两种形式，图 2-48 是矩形风管的无法兰连接中的三种形式。

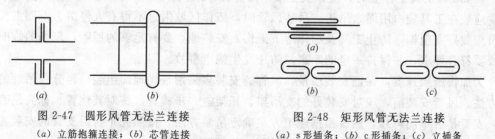

图 2-47　圆形风管无法兰连接　　　　　图 2-48　矩形风管无法兰连接
（a）立筋抱箍连接；（b）芯管连接　　　（a）s 形插条；（b）c 形插条；（c）立插条

4.3.2　风管上架安装

风管安装前，应检查吊架、托架等固定件的位置是否正确，是否安装牢固，并应根据施工现场情况和现有的施工机具条件，选用滑轮、麻绳吊装或液压升降台吊装。采用滑轮、麻绳吊装时，先把滑轮穿上麻绳，并根据现场的具体情况挂好滑轮，一般可挂在梁、柱的节点上。其受力点应牢靠，吊装用的麻绳必须结实，没有损伤，绳扣要绑扎结实。

吊装时，先把水平干管绑扎牢靠，然后就可进行起吊。起吊时，先慢慢拉紧系重绳，使绳子受力均衡保持正确的重心。当风管离地 200～300mm 时，应停止起吊，再次检查滑轮的受力点和所绑的麻绳与绳扣。如没有问题，再继续吊到安装高度，把风管放在托架上或安装到吊架上，然后才可解开绳扣，去掉绳子。

在距地面 3m 以上进行风管的连接操作时，应检查梯子、脚手架、起落平台等的牢固性，操作人员应系安全带，做好防护工作。

风管安装时找正找平可用吊架上的调节螺钉或托架上加垫的方法。水平干管找正找平后，就可进行支、立管的安装。

对于不便悬挂滑轮的风管，或因风管连接得较短，质量较轻，可用麻绳把风管拉到脚手架上，然后再抬到支架上，分段进行安装。稳固一段后，再起吊另一段风管。

垂直风管也和水平风管一样，便于挂滑轮的可连接得长些，用滑轮进行吊装。风管较短，不便于挂滑轮的，可分段用人力抬起风管，对正法兰，逐根进行连接。

除尘系统的风管，宜垂直或倾斜敷设，与水平风管的夹角应大于或等于 45°。小坡度和水平管应尽量减少。

当风管敷设在地沟内时，地沟较宽便于上法兰螺栓，可在地沟内分段进行连接。不便于上螺栓时，应在地面上连接得长些，用麻绳把风管绑好，慢慢放入地沟的支架上。风管较重时，可多绑几处，由多人进行抬放。抬放时，应注意步调一致，同起同落，防止发生事故。

地沟内的风管与地面上的风管连接时，或穿越楼层时，风管伸出地面的接口距地面的距离不应小于 200mm，以便和地面上的风管连接。

安装在地沟内的风管，其内部应保持清洁，安装完毕后，露出的敞口应做临时封口，防止杂物落入。

为了便于安装时装支架和拧螺母等工作，应根据现场情况和风管安装高度，采用梯子、高凳或脚手架及液压升降台。高凳和梯子应轻便结实；脚手架可用扣件式钢管脚手架，搭设应稳定，并应便于风管安装。风管安装前，应先进行检查，把脚手板铺好，用钢丝固定，防止翘头，避免发生高空坠落事故。

在 3m 以上高空作业时，应系安全带，防止摔下跌伤。工具和螺栓等配件不能上下掷递，应放在工具袋内用绳索吊送。吊装风管时，工作区域附近不得有人停留，下面工作的人员应戴好安全帽，防止工具及物体落下砸伤。安装地点要有足够的照明，现场的临时电源线要符合要求，并保持一定的距离，防止发生触电事故。

为加快施工速度，保证安装质量，风管的安装多采用现场地面组装，再分段吊装的施工方法。风管安装前，应对安装好的支吊架、托架进一步检查，核对其位置、标高是否正确，安置是否牢固可靠，然后根据施工方案确定吊装方法，按照先干管后支管的安装程序进行上架安装。在安装过程中，应注意以下一些问题：

1）安装前应清除风管内外杂物。

2）风管组合连接后应使风管平直、不扭曲。

3）风管组合连接时，对有拼接缝的风管应尽量使接缝置于背面，以保持美观；每组装一定长度的管段，均应及时拉线检测组装的风管平直度。如果检测结果超过要求的允许值，应拆掉调整后重新组合，直至达到要求。

4）风管安装时距壁面间距不宜小于 150mm，以方便螺丝拧装和后道工序的操作。

5）除尘系统的风管，宜垂直或倾斜安装，与水平夹角宜大于等于 45°。

6）输送含有易燃、易爆介质气体的系统和在易燃易爆介质环境里的通风系统，应妥善接地，并尽量减少接口。通过生活间或其他辅助生产间必须严密，不能设置接口。

7）对含有凝结水或其他液体的风管，坡度应符合设计要求，并在最低处设排液装置。风管底部不应设置纵向接缝，如有接缝应作密封处理。

8）排风系统的风管穿出屋面时应设防雨罩；当穿出屋面高度大于 1.5m 时应采用不少于三根拉索固定，拉索不应固定于风管法兰、风帽、避雷针（网）上。

9）水平风管管段吊装到位后，及时用托、吊架找平找正并固定；水平主管安装并经检查，位置、标高均符合要求且固定牢固后，方可进行分支管或与立管的连接安装。

10）垂直风管可分段自下而上进行安装，但每段风管的长度应结合场地的实际情况和预留施工洞的大小合理安排，以免出现预制风管体积过大无法移入的情况。

11）风管安装完毕或暂停施工时，应将管开口处封闭防止灰尘和异物进入。

4.3.3 风管连接的垫料

风管连接时，用法兰连接的一般通风空调系统，为了使法兰接口处严密不漏风，接口处应加垫料，其法兰垫料厚度为 3～5mm。在加垫料时，垫片不要突入管内，否则将会增大空气流动的阻力，减小风管的有效面积，并形成涡流，增加风管内的积尘。法兰垫料的材质如设计图纸无明确规定时，可按下列原则进行选用：

1）输送空气温度低于 70℃ 的风管，应用橡胶板、闭孔海绵橡胶板等。

2）输送空气温度或烟气温度高于 70℃ 的风管，应用石棉绳或石棉橡胶板等。

3）输送含有腐蚀性介质气体的风管，应用耐酸橡胶板或软聚氯乙烯板等。

4）输送产生凝结水或含湿空气风管，应用橡胶板或闭孔海绵橡胶板等。

5）除尘系统的风管，应用橡胶板。

在上法兰螺栓时，应先把两个法兰对正，能穿过螺栓的螺孔先穿上螺栓，并套上螺母，但不要上紧，然后用圆钢制作的别棍，塞到穿不上螺栓的螺孔中，把两个法兰的螺孔别正。待所有的螺孔都穿上螺栓套上螺母后，再把螺母拧紧。为了避免螺栓滑扣，上螺母时不要一个挨一个地顺序拧紧，而应十字交叉地逐步均匀地拧紧。法兰上的螺母要尽量拧紧，拧紧后的法兰，其厚度差不要超过 2mm。为了安装上的方便和美观，所有螺母应在法兰的同侧。

连接好的风管，可把两端的法兰作为基准点，以每副法兰为测点，拉线检查风管连接得是否平直。如在 10m 长的范围内，法兰和线的差值在 7mm 以内，每副法兰相互间的差值在 3mm 以内时，就为合格。如差值太大，应把风管的法兰拆掉，把板边修正后，重铆法兰进行纠正。

目前国内经常采用的法兰垫料，一般在施工现场临时裁剪，而且表面无粘性，有时会因操作不慎而落入风管中，造成法兰连接后的漏风。胶泥垫条是一种新型的风管法兰垫料，可分为阻燃和非阻燃两种。阻燃胶泥垫条呈带状，可用于工业和民用建筑的通风、空调工程中。采用胶泥垫条连接的风管，经试验风管内的风压在 1000Pa 以上时，不会产生漏风现象，法兰的螺栓间距可由原来的 120mm，增加到 215～350mm，而且施工工艺简单，可减轻工人劳动强度，提高工作效率，降低工程成本，在工程上得到了广泛的应用。

4.3.4 风管安装的基本要求

1）风管的纵向闭合缝应交错布置，不得置于风管底部。

2）风管与配件、管件的可拆卸接口不得置于墙、楼板、屋面内。

3）矩形保温风管不能与支吊架、托架直接接触，应垫上坚固的隔热材料，其厚度与保温层厚度相同。

4）风管安装后明装风管水平度的允许偏差为 3/1000，总偏差不大于 20mm；明装风管垂直度的允许偏差为 2/1000，总偏差不大于 20mm；暗装风管位置应正确、无明显偏差。

5）柔性短管的安装，应松紧适度，无明显的扭曲。

6）可伸缩性金属和非金属软风管的长度不宜大于 2m 且不应有死弯和塌陷。

7）风管与砖、混凝土风道的连接接口，应顺气流方向插入。

8）输送的空气湿度较大时，风管应有 1%～1.5% 的坡度。

9）用普通钢板制作的风管与配件、部件在安装前均应按设计要求做好防腐工作。

4.4 钢制风管部件安装

通风与空调系统的部件包括各类风阀，各类送、回（排）风口、排气罩、风帽及柔性短管等，是系统的重要组成部分。

部件的加工制作一般按设计加工详图制作，目前风管部件的标准化工作也相当完善，可按通风工程标准图集的要求和定型尺寸加工制作。为了使系统保证使用效果和外形的美观，大多数的风阀和风口已商品化，施工单位可选用安装。

4.4.1 风阀

通风与空调系统中的风阀主要是用来调节风量，平衡各支管或送、回风口的风量，另外用于还在特别情况下关闭或开启，达到防火、排烟的作用。

风阀与风管的连接多采用法兰连接，其连接要求及所用垫料与风管连接相同。

常用的风阀有蝶阀、多叶调节阀、插板阀、止回阀、三通调节阀、防火阀等。

（1）蝶阀

一般用于分支管或空气分布器（风口）前作风量调节用。这种风阀是以改变阀板的转角来调节风量。

蝶阀由短管、阀板、调节装置等三部分组成，圆形蝶阀其外形如图 2-49 所示。

蝶阀的短管用厚度为 1.2～2mm 的钢板制成，长度为 150～200mm。短管两端为便于与风管连接，应分别设置法兰。阀板可用厚度为 1.5～2mm 的钢板制成，直径较大时，用扁钢进行加固。阀板的直径应略小于风管直径，但不宜过小，以免关闭后漏风量过大。手柄可用 3mm 厚的钢板制成，其扇形部分开有 1/4 圆周圆弧形的月牙槽，使手柄可按需要位置开关或调节阀板的位置。手柄通过焊在垫板上的螺丝和其上的螺母，固定开关位置，垫板可焊在阀体上固定。

组成蝶阀时，应先检查零件尺寸，尤其注意在保温风管中手柄与阀体之间的间距应保证保温材料的铺贴；同时阀门在轴上应转动灵活，手柄位置应能正确反映阀门的开关。

（2）插板阀

斜插板风阀多用于除尘系统，安装时应考虑使其不积尘。如果安装方向不正确就容易积尘。其安装位置与气流方向的关系如图 2-50 所示。

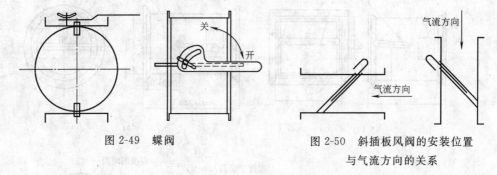

图 2-49　蝶阀　　　　　　图 2-50　斜插板风阀的安装位置
　　　　　　　　　　　　　　　　　　与气流方向的关系

（3）多叶调节阀

为保证通风空调系统的总风量、各支管及送风口风量达到设计给定值，应对系统进行风量的调整，多安装多叶调节阀来进行调节。多叶调节阀示意图如图 2-51 所示。

多叶调节阀制作应牢固，防止气流吹动产生噪声。调节阀的调节机构应动作灵活、准确、可靠，并标有转动的方向标志，为系统的试验调整和运行管理创造方便条件。多叶调节阀的调节特性应近似比例关系，叶片能贴合，间距均匀搭接一致。

（4）止回阀

在通风空调系统中，特别在空气洁净系统中，为防止通风机停止运转后气流倒流，常用止回阀。止回阀在通风机开动后，阀板在风压作用下会自动打开，而通风机停止运转后，阀板自动关闭。

为使阀板启闭灵活、防火花、防爆，阀板应采用质量轻的铝板。根据止回阀在风管的部位，又可分为垂直式和水平式。在水平式止回阀的弯上装有可调整的配重用来调节阀板，使其启闭灵活。止回阀轴必须转动灵活，阀板关闭严密，铰链和转动轴应采用黄铜制作。

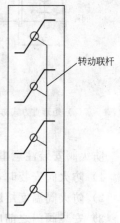

图 2-51　多叶调节阀
示意图

转动联杆

（5）三通调节阀

用于风管分支管风量调节，其构造类似于蝶阀。

（6）防火（调节）阀

防火（调节）阀是大型建筑和工业厂房通风、空调系统中不可少的重要部件。当发生火灾时可切断气流，防止火灾蔓延。因此阀板开启与否，应有信号给出明确的指示，阀板关闭后不但有指示信号，还应打开与通风机连锁的接点，使其停止运转。目前防火阀的生产厂家必须经过公安消防部门的审批认可，方能生产。

防火（调节）阀根据其防烟防火的要求和火灾自动控制程度，又分为防烟防火调节阀和防火调节阀两种。防烟防火调节阀的阀板动作分别接受两个信号进行：一是房间发生火灾后，感烟元件将信号输入至消防报警控制中心，并发出信号输出至防烟防火调节阀的电磁线圈，而使阀板关闭；二是房间发生火灾后，送风温度升高，而使易熔片熔化，使阀板自动关闭。阀板关闭后，输出与风机连锁信号，风机停止运转并报消防报警控制中心。

风管常用的防火阀分为重力式、弹簧式、百叶式三种，如图 2-52 所示。

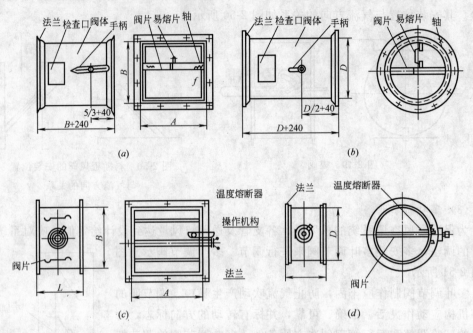

图 2-52 防火阀

(a) 矩形重力式防火阀（FH-JZ-F）；(b) 圆形重力式防火阀（FH-YZ-F）；(c) 矩形弹簧式防火
阀（FH-JY-F）；(d) 圆形弹簧式防火阀（FH-YZ-F）

防火阀安装注意事项：

1）防火阀安装时，阀门四周要留有一定的建筑空间，以便于检修和更换零、部件。

2）防火阀温度熔断器一定要安装在迎风面一侧。

3）安装阀门之前应先检查阀门外形及操作机构是否完好，检查动作的灵活性，然后再进行安装。

4）防火阀与防火墙（或楼板）之间的风管壁厚应采用 $\delta \geqslant 2\mathrm{mm}$ 的钢板制作，在风管外面用耐火的绝热材料隔热，如图 2-53 所示。

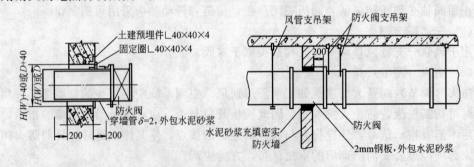

图 2-53 防火阀安装示意图

5）防火阀宜有单独的支、吊架，以避免风管在高温下变形，影响阀门功能。

6）阀门在建筑吊顶上或在风道中安装时，应在吊顶板上或风管壁上设检修孔，一般孔尺寸不小于 450mm×450mm。

7）阀门在安装以后的使用过程中，应定期进行关闭动作试验，一般每半年或一年进行一次，并应有检验记录。

8）防火阀中的易熔片必须合格，不允许随便代用。

9）安装阀门时，应注意阀门调节装置要设置在便于操作的部位；安装在高处的阀门也要使其操作装置处于离地或平台 1.0～1.5m 处。

10）防火阀门有水平安装和垂直安装，有左式和右式之分，在安装时务必要注意，不能装反。阀门在安装完毕后，应在阀体外侧明显地标出开和关的方向及开启程度。

防火（调节）阀的外壳钢板厚度应不小于 2mm，防止在火灾状态时外壳变形影响阀板关闭。为保证转动部件在任何时候都能转动灵活，转动部件的材料应选用耐腐蚀材料。防火阀的易熔片是关键部件，严禁用其他材料代替，必须使用正规产品。如需要对易熔片进行检验，应在水浴内进行，以水温为准，其熔点温度应满足设计的要求。易熔片要安装在阀板的迎风侧。阀板关闭应严密，能有效地阻隔气流。

4.4.2 风口

风口又称空气分布器，是用来向房间送入或排出空气，在通风管上设置的各种形式的送风口、排风口和回风口并根据需要可调节经过风口的空气量。

风口的形式较多，根据使用对象可分为通风系统和空调系统风口。

通风系统常用圆形风管插板式送风口、旋转吹风口、单面或双面送、吸风口、矩形空气分布器、塑料插板式侧面送风口等。

空调系统常用百叶送风口、圆形或方形散流器、送吸式散流器、流线型散流器、送风孔板及网式回风口等。

风口一般明露于室内，其外形加工的好坏将影响室内的美观。用于高级民用和公共建筑内的风口，对其外形要求更为严格，必须与室内装饰协调一致。因此对风口制作的要求，除满足技术性能外，关键是外形和表面平整。风口的转动调节部分应该灵活、叶片平直、叶片与边框不得碰擦。风口的安装尺寸允许偏差要求见表 2-13。

风口尺寸允许偏差 （mm）　　　　　　　　　　表 2-13

圆形风口	直径	≤250	>250
	允许偏差	0～-2	0～-3
矩形风口	边长	<300	300～800	>800
	允许偏差	0～-1	0～-2	0～-3
	对角线长度	<300	300～500	>500
	允许偏差	≤1	≤2	≤3

4.4.3 风帽与排气罩

在排风系统中，一般使用伞形风帽、锥形风帽和筒形风帽向室外排出空气。伞形风帽适用于一般机械排风系统，锥形风帽适用于除尘系统，筒形风帽适用于自然排风系统。

风帽安装于室外屋面上或排风系统的末端排风口处。各类风帽应按标准图规格和定型尺寸加工制作，制作尺寸应准确，形状规则，部件牢固。安装于屋面上的筒形风帽应注意做好屋面防水，使风帽底部和屋面结合严密。

排气罩是局部排风装置，用于收集和排除粉尘及有害气体。按生产工艺要求，有各种形式的排气罩。例如用于一般工艺要求的上吸式均流侧吸罩和下吸式均流侧吸罩、用于零件焊接工作台的排气罩、用于各种表面处理的条缝槽边排气罩及槽边侧吸罩、用于有害气体产生源不固定场合的升降式回转排气罩等多种形式。但不管何种形式，制作排气罩应符合设计或国标图纸的要求，各部位展开下料的尺寸必须准确，采用咬接或焊接的连接处要牢固，外壳不能有尖锐的边角。对于带有回转或升降机构的排气罩，所有活动部件动作应灵活、操作方便。

4.4.4 柔性短管

为了防止风机的振动通过风管传到室内引起噪声，一般常在通风机的入口和出口处，装设柔性短管。在空气洁净系统中，高效过滤器送风口与支管连接，也常用柔性短管在其中间过渡。柔性短管的构造长度一般为 150～300mm，下料时应留有 20～25mm 的搭接量。

一般通风空调系统的柔性短管用帆布制作，外表面不得刷涂油漆以防止帆布短管失去弹性；空气洁净系统用挂胶帆布等里面光滑不积尘、不透气材料制作；输送腐蚀性气体的通风系统宜用耐酸橡胶板或 0.8～1mm 厚的聚氯乙烯布制作。

柔性短管的安装应松紧适当，不得扭曲。安装在风机进风一侧的柔性短管可装得绷紧一点，防止风机运转时被吸入而减小断面尺寸。不能用柔性短管当成找平找正的连接管或异径管。柔性短管外部不宜做保温层，以免减轻柔性。当系统风管穿越建筑物变形缝时，应设置柔性短管，其长度为变形缝的长度加 100mm。

课题 5　通风与空调设备的布置与安装

5.1　通风机的安装

在通风与空调工程中，通风机根据工作原理不同，分为离心式（气流方向为轴向流入，径向流出，进出口成 90°角）、轴流式（气流轴向进，轴向出）、贯流式（气流径向进，径向出）和混流式（气流斜向进，斜向出）。在通风与空调工程中大量使用的是离心式风机和轴流式通风机，贯流式风机主要用于风机盘管和空气幕中。根据用途的不同，通风机又可分为一般通风机、高温通风机、防爆通风机、防腐通风机、耐磨通风机等几种。

通风机是通风与空调系统中的主要设备，它的安装质量直接影响到系统的运行效果。通风机的安装从工艺上看，可分为整体式、组合式或零件解体式安装，其安装的基本技术要求如下：

1）风机的基础、消声防振装置应符合设计的要求，安装位置正确、平整，固定牢固，地脚螺栓应有防松动措施。

2）风机轴转动灵活，叶轮旋转平稳，方向正确，停转后不应每次停留在同一位置上。

3）风机在搬运和吊装过程中应有妥善的安全措施，不得随意捆绑拖拽，损伤机件表面。

通风机的安装是通风与空调系统施工中的一项重要分部工程，其安装质量的好坏，将直接影响到系统的使用效果。

5.1.1 风机的开箱检查

风机开箱检查时，首先应根据设计图纸按通风机的完全称呼，核对名称、型号、机号、传动方式、旋转方向和风口位置等六部分。通风机符合设计要求后，应对通风机再进行下列检查：

1）根据设备装箱单，核对叶轮、机壳和其他部位（如地脚螺栓孔中心距、进排风口法兰孔径和方位及中心距、轴的中心标高等）的主要尺寸是否符合设计要求；

2）叶轮旋转方向应符合设备技术文件规定；

3）进、排风口应有盖板严密遮盖，防止尘土和杂物进入；

4）检查风机外露部分各加工面的防锈情况及转子是否发生明显的变形或严重锈蚀、碰伤等，如有上述情况，应会同有关单位研究处理；

5）检查通风机叶轮和进气短管的间隙，用手盘动叶轮，旋转时叶轮不应与进气短管相碰。叶轮的平衡在出厂时都经过校正，一般在安装时可不进行此项工作。

5.1.2 安装前的准备工作

1）通风机安装前，应进行开箱检查，并形成验收文字记录。应有装箱单、设备说明书、产品出厂合格证和产品质量鉴定文件，如属进口设备还应具备商检证明。

开箱检查的主要内容有：根据设备装箱清单，核对叶轮、机壳和其他部件的主要尺寸、进出风口的位置是否与设计相符；叶轮的旋转方向是否符合设备技术文件的规定；风机的外观情况。

2）通风机安装前，应对基础进行验收。在安装前应对设备基础进行全面的检查，检查其尺寸、标高、地脚螺栓孔位置等是否与设计要求相符。

5.1.3 离心式通风机的安装

如图 2-54 所示。离心式通风机在混凝土基础上安装时，应先按图纸和风机实物，对土建施工的基础进行核对，检查基础标高和坐标及地脚螺栓的孔洞位置是否正确。然后清除基础上的杂物，特别是螺栓孔中的木盒板要清除干净，按施工图在基础上放出通风机的纵横安装中心线。

安装小型整体式的通风机时，先将风机的电动机放在基础上，使电动机底座的螺栓孔对正基础上的预留螺栓孔，把地脚螺栓一端插入

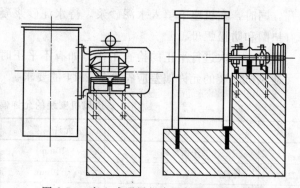

图 2-54 离心式通风机在混凝土基础上安装

基础的螺栓孔内，带丝扣的一端穿过底座的螺栓孔，并挂上螺母，丝扣应露出螺母 1～1.5 扣的高度。用撬杠把风机拨正，用垫铁把风机垫平，然后用 1∶2 的水泥砂浆浇筑地脚螺栓孔，待水泥砂浆凝固后，再上紧螺母。

小型的直联式风机，应保持机壳壁垂直、底座水平，叶轮与机壳和进气短管不得相碰。

安装大型整体式和散装风机时，可按下列程序进行：

1）先把机壳吊放在基础上，穿上地脚螺栓，把机壳摆正，暂不固定。

2）把叶轮、轴承箱和皮带轮的组合体也吊放在基础上，并把叶轮穿入机壳内，穿上轴承箱地脚螺栓。装好机壳侧面圆孔的盖板。再把电动机吊装在基础上。

3）首先对轴承箱组合件进行找正找平。找正可用水平尺按中心线量取平行线进行检查，偏斜的可用撬杠拨正；找平可用方水平放在皮带轮上检查，低的一面可加斜垫铁垫平，应使传动轴保持在允许偏差范围以内。轴承箱找正找平后作为机壳和电动机找正找平的标准，因此它的轴心不能低于机壳的中心。联轴器的轴心不能低于电动机中心。找平找正后就不要再动，最好先灌浆进行固定。

4）叶轮按联轴器组合件找正中心后，机壳即以叶轮为标准进行找正找平。要求机壳的壁面和叶轮面平行，机壳轴孔中心和叶轮中心重合，机壳支座的法兰面保持水平。

一般在机壳下加垫铁和微动机壳来进行找平找正，加垫铁时不得使机壳和吸气短管与叶轮摩擦相碰。

5）进行电动机的找正找平。当风机采用联轴器传动时，电动机应按已装好的风机进行找正，找正找平可利用联轴器来进行。

通风机和电动机两轴不同心，会引起风机的振动以及电动机和轴承过热等现象。联轴器内的橡胶圈，只能消除在正常运转下产生的微量变形，不能解决两轴不同心的弊病。为了保证风机的正常使用，安装时，应使两轴的不同心度保持在0.05mm以内；联轴器端面的不平行度保持在0.2mm以内，端面可留3～6mm的间隙。

当风机采用皮带传动时，电动机可先用螺钉固定在两根滑轨上，两根滑轨应互相平行并水平固定在基础上。为使电动机和通风机能正常地运转，滑轨的位置应能保证电动机和通风机两轴的中心线互相平行，并使两个皮带轮中心线重合和拉紧三角皮带。可通过拨动电动机，移动滑轨位置来进行调整。

6）当风机机壳和叶轮轴承箱结合件及电动机找正找平后，可用水泥砂浆浇筑地脚螺栓孔，同时，在机座下填入水泥砂浆。待水泥砂浆凝固后，再上紧地脚螺栓，地脚螺栓应带有垫圈和防松螺母。

最后，再次进行平正的检查工作，如有不平正时，一般稍加调整就能满足要求。

通风机安装的允许偏差应符合表2-14的要求。

通风机安装的允许偏差 表2-14

项次	项 目		允许偏差	检 验 方 法
1	中心线的平面位移		10mm	经纬仪或拉线和尺量检查
2	标高		±10mm	水准仪或水平仪,直尺,拉线和尺量检查
3	皮带轮宽中心平面偏移		1mm	在主、从动皮带轮端面拉线和尺量检查
4	传动轴水平度		纵向 0.2/1000 横向 0.3/1000	在轴或皮带轮0°和180°的位置用水平仪检查
5	联轴器	轴心径向偏差	0.05mm	在联轴器互相垂直的四个位置上,用百分表检查
		两轴线倾斜	0.2/1000	

5.1.4 轴流式通风机的安装

轴流式通风机常用于纺织厂的空调系统或一般的局部排风系统中。轴流式通风机可分为整体机组和现场组装的散装机组两种安装形式。

轴流风机多安装在墙上，如图 2-55 所示，或安装在柱子上及混凝土楼板下，也可安装在砖墙内，如图 2-56 所示。

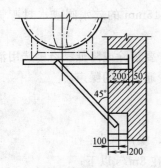

图 2-55　轴流通风机在砖墙上安装

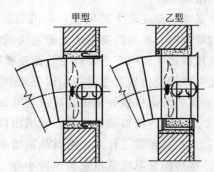

图 2-56　轴流风机在墙内安装

整体机组直接安装在基础上的方法与离心式通风机基本相同，用成对斜垫铁找正找平，最后灌浆。安装在无减振器的支架上，应垫上厚度为 4～5mm 的橡胶板，找正找平后固定，并注意风机的气流方向。排风采用的轴流式通风机，大多数是安装在风管中间和墙洞内，其方法如下：

（1）轴流式风机安装在墙洞内

1）检查土建施工预留墙洞的位置、标高及尺寸是否符合要求；

2）固定风机的挡板框和支座的预埋质量是否符合要求；

3）通风机安装后，地脚螺栓应拧紧，并与挡板框连接牢固；

4）在风机出口处安设 45°防雨雪弯头，如图 2-48 所示。

（2）轴流式通风机安装在支架上

在风管中间安装轴流式通风机时，通风机可装在用角钢制作的支架上。支架应按设计图纸要求位置和标高安装，并用水平尺找正找平，螺孔尺寸应与风机底座的螺孔的尺寸相符。安装前，在地坪上按实物核对后，再埋设支架。在支架上安装应注意如下几点：

1）检查通风机与支架是否符合要求，并核对支架上地脚螺栓孔与通风机地脚螺栓孔的位置、尺寸是否相符；

2）通风机放在支架上时，应垫以厚度 4～5mm 的橡胶垫板，穿上螺栓，稍加找正找平，最后上紧螺母；

3）接风管时，风管中心应与风机中心对正。为了检查和接线方便起见，应设检查孔。

5.1.5　通风机的消声与减振

减振器安装时，除要求地面平整外，应注意各组减振器承受荷载的压缩量应均匀，高度误差应小于 2mm，不得偏心；安装后应采取保护措施，防止损坏。每组减振器间的压缩量如相差悬殊，风机启动后将明显失去减振作用。减振器受力不均匀的原因，主要是由于减振器安装的位置不当，安装时应按设计要求选择和布置；如安装后各减振器仍有压缩量或受力不均匀，应根据实际情况移动适当的位置。

风机安装结束后，应安装皮带安全罩或联轴器保护罩。进气口如不与风管或其他设备连接时，应安装网孔为 20～25mm 的入口保护网。如进气口和出风口与风管连接时，风管的质量不应加在机壳上，防止机壳受力变形，造成叶轮和机壳及进气短管相碰，其间应装柔性短管。柔性短管应安装得松紧适当，如太紧，将会由于风机振动被拉坏；如太松，将使柔性短管的断面减小而造成系统阻力增大。连接风机的柔性短管时，应把风机机壳内的杂物清除干净。

输送空气湿度较大的风机，在机壳底部应装直径为 15mm 的放水阀或水封弯管。装置水封弯管时，水封的高度应大于通风机的压力。

通风机产生的噪声主要有空气流动噪声和机械噪声，要消除或降低噪声，选用消声设备只是一种辅助措施，主要应用以下几个方面措施来减少通风机的噪声。

1）风机和电机最好采用直联或联轴器连接；

2）通风机进出口装柔性管，风机出口避免急转弯；

3）风机的正常工作点接近其最高效率点，效率越高，噪声越小；

4）尽可能使系统总风量和风压小些，风管内流速宜在 8m/s 以下；

5）采用减振基础减振，如图 2-57 所示。

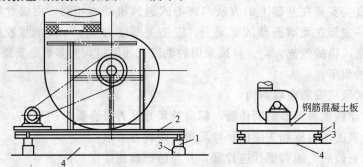

图 2-57　通风机的减振基础
1—减振器；2—钢性支架；3—混凝土支墩；4—支承结构（楼板或基础）

5.1.6　防排烟风机的安装

防排烟风机是建筑物内安全的重要保证。正压送风的防烟风机多采用通用的离心风机或轴流风机；排烟风机采用专用风机。消防高温排烟风机，烟温低于 150℃ 可长时间运转，烟温在 300℃ 时，可连续运转 40min。

防排烟风机的安装参见离心风机或轴流风机的安装。

5.2　空气过滤器的安装

空气过滤器一般分为粗、中效过滤器和高效过滤器。

过滤器安装的基本技术要求是：

1）安装平稳牢固，方向正确。

2）框架式或袋式粗、中效过滤器应便于拆卸和更换滤料，过滤器与框架、框架与围护结构之间应严密。

3）金属网格浸油过滤器，安装前应清洗干净，晾干后浸以机油。

4）卷绕式过滤器的安装，框架应平整，展开的滤料应松紧适度，上下筒体应平行。

5）静电过滤器的安装应平稳，接地电阻在 4Ω 以下。

6）高效过滤器安装应在系统全面清扫和系统连续运转 12h 以上后进行。

5.2.1　粗、中效过滤器的安装

粗、中效过滤器的种类较多，根据使用的滤料可分为聚氨酯泡沫塑料过滤器、无纺布

过滤器、金属网格浸油过滤器、自动浸油过滤器等。在安装时应考虑便于拆卸和更换滤料，并使过滤器与框架、框架与空调器之间保持严密。

（1）网格干式过滤器及浸油过滤器

这两种过滤器一般做成 500mm×500mm×50mm 的方格块，对于干式过滤器是将泡沫塑料或干纤维等滤料，夹装于两层镀锌钢丝网中间；对于油浸过滤器，是在过滤器匣体内交错地叠用多层不同孔径的波纹金属网，使相邻波纹网的波纹相互垂直，且网孔尺寸沿气流方向逐层减少，使用前（或成品出厂时）浸油。

这两种过滤器的安装都是先按设计要求的数量及安装形式焊好角钢安装框架（包括底架及方格框架），再将各块过滤器嵌入方格框内，过滤器边框与支撑格框用螺栓固定，框与框连接处衬以石棉橡胶板或毛毡垫料，以保证严密。

金属网格浸油过滤器用于一般通风、空调系统，常采用 LWP 型过滤器。安装前应用热碱水将过滤器表面附着物清洗干净，晾干后再浸以 12 号或 20 号机油，过滤器的底部应做油槽。安装框可固定在空调室预埋的木砖上或用射钉法固定。安装时应将空调器内外清扫干净，并注意过滤器的方向，将大孔径金属网格朝向迎风面，以提高过滤效率。图 2-58 为过滤器直立式安装方法。

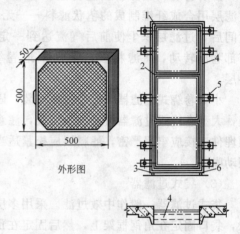

图 2-58　金属网状浸油过滤器安装
1—上边框；2—边框；3—底架；4—过滤器
外框；5—固定卡子；6—油槽

为检修方便，安装于风管中的干式网格过滤器可做成抽屉式，如图 2-59 所示。

干式或浸油网格过滤器可按设计要求布置成直立式、人字形等不同形式，图 2-60 为立式人字形的安装形式。

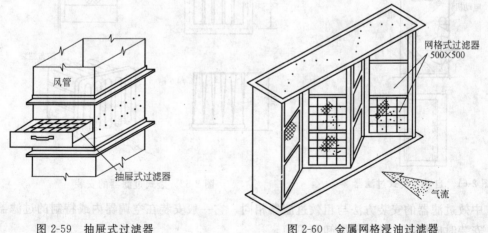

图 2-59　抽屉式过滤器　　　　图 2-60　金属网格浸油过滤器

（2）自动卷绕式过滤器

自动卷绕式过滤器是用化纤卷材为过滤滤料，以过滤器前后压差为传感信号进行自动控制更换滤料的空气过滤设备，常用于空调和空气洁净系统。安装前应检查框架是否平整，过滤器支架上所有接触滤材表面处不能有破角、毛边、破口等。滤料应松紧适当，上下箱应平行，保证滤料可靠地运行。滤料安装要规整，防止自动运行时偏离轨道。多台并列安装的过滤器，用同一套控制设备时，压差信号使用过滤器前后的平均压差值，要求过滤器的高度、卷材轴直径以及所用的滤料规格等有关技术条件一致，以保证过滤器的同步运行。特别需注意的是电路开关必须调整到相同的位置，避免其中一台过早报警，而使其他过滤器的滤料也中途更换。

自动卷绕式过滤器由过滤层及电动机带动的自动卷绕机构组成。如图 2-61 所示。过滤层用合成纤维制成的毡状滤料——无纺布卷绕在各转折布置的转轴上，当使用一段时间后，过滤层积尘使前后气流达到一定压差，即可通过自控装置启动电动机，带动下部卷筒转动，将滤料层自上而下地卷绕，直至积尘滤布卷绕完，即可换装新的滤料层。

小型卷绕式过滤器一般为整体安装，固定于预埋的地脚螺栓及预留安装孔预埋的铁件上，大型卷绕式过滤器可在现场组装，注意上下卷筒应安装平行，框架应平整，与各结构预埋件连接应牢固严密，滤料层应松紧适当，辊轴及传动机构应灵活，运转应平稳无异常振动噪声。

（3）袋式过滤器

袋式过滤器一般作中效过滤。采用多层不同孔隙率的无纺布作滤料，加工成扁布袋形状，袋口固定在角钢框架上，然后固定在预先加工好的角钢安装框架上，中间加法兰垫片以保证连接严密。在安装框架上安装的多个扁布袋平行排列，袋身用钢丝撑起或用挂钩吊住，如图 2-62 所示。安装时要注意袋口方向应符合设计要求。

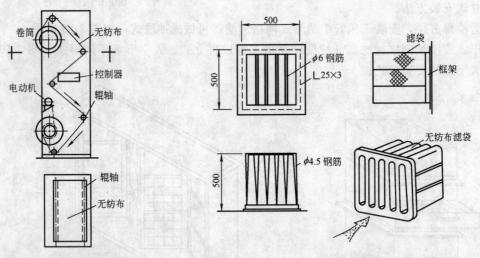

图 2-61　自动卷绕式过滤器　　　　图 2-62　袋式过滤器的安装

中效过滤器的安装方法与粗效过滤器相同，它一般安装在空调器内或特制的过滤器箱内。安装时应严密，并便于拆卸和更换。

5.2.2　高效过滤器的安装

这种过滤器用于有超净要求的空调系统的终过滤，在其前面还应设粗、中过滤器加以保护。高效过滤器的滤料用超细玻璃纤维（GB 型）、超细石棉纤维（CGS 型）制成，非常精细，易损坏。为增大过滤面积，过滤器产品多将滤纸折叠成若干层，中间用分隔片支撑。因此，高效过滤器必须在洁净室土建和净化空调系统施工安装完毕，并经过全面擦净吹扫运行一段时间后，才可安装，如图 2-63、图 2-64 所示。

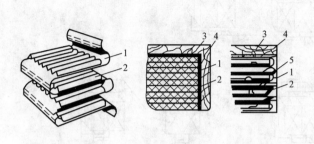 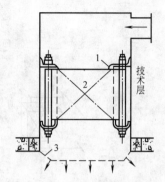

图 2-63　高效过滤器的构造图
1—滤纸；2—隔片；3—密封板；4—木外框；5—滤纸护条

图 2-64　高效过滤器的安装
1—乳胶海绵；2—高效过滤器；
3—孔板扩散风

高效过滤器在安装前，应认真检查滤纸和框架有无损坏，损坏的应及时修补，滤料受损可以用过氯乙烯胶涂抹；边框接合处如果有渗漏，可用硅橡胶涂抹。安装高效过滤器的关键是保证严密不漏风，否则过滤器效率将大大降低，就不会起到高效过滤的作用。

5.3　空气加热器的安装

空气加热器是空调系统中空气处理室内的加热设备，它安装在空气过滤器之后。空调系统常用的肋片管型空气热交换器，是用无缝钢管外部缠绕或镶接钢片或铝片，或用铜管外部缠绕或镶接铜片制成。当热交换器通入热水或水蒸汽时即可加热空气，称为空气加热器，当通入冷却水或低温盐水时即可冷却空气，称为表面冷却器。

空气热交换器有两排、四排、六排几种安装形式。安装前应检查安装选用产品是否符合设计要求。凡具有产品合格证明，并在技术文件规定的期限内，外表无伤损，安装前可不作水压试验。否则应作水压试验，试验压力为系统最高工作压力的 1.5 倍，且不得小于 0.4MPa。同时，应做好安装孔的预留及角钢安装框架的预组装工作。

空气热交换器常用砖砌或焊制角钢支座支承，如图 2-65 所示，热交换器的角钢边框与预埋角钢安装框用螺栓紧固，且在中间垫以石棉橡胶板，与墙体及旁通阀连接处所有不严密的缝隙，均应用耐热材料封闭严密。用于冷却空气的表面冷却器安装时，在下部应设排水装置。

连接管路时，要熟悉设备安装图，弄清进出水管的位置，切勿接错。在热水或蒸汽管路上，以及回水管路上，均应安装截止阀，蒸汽系统的凝结水出口处还应装疏水器。加热器与管道的连接方式如图 2-66 所示。

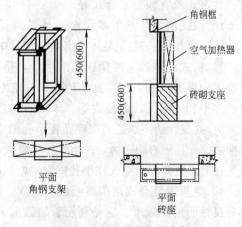

图 2-65　空气热交换器支架

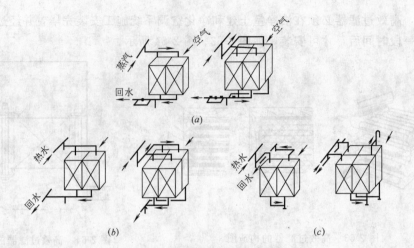

图 2-66　加热器与管道连接方式

（a）蒸汽并联（热媒为蒸汽，0.3 表压以上）；（b）热水并联（热媒为热水）；（c）热水串联（热媒为热水）

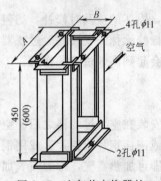

图 2-67　空气热交换器的
支承框架

空气热交换器的支承框架如图 2-67 所示。

5.4　消声器的安装

消声器一般是用吸声材料按不同的消声原理设计而成的消声装置。在通风空调系统中一般安装在风机出口水平总风管上，用来降低风机产生的空气动力性噪声，阻止或降低噪声传播到空调房间内。有的空调系统中将消声器安装在干管、支管及各个送风口前的弯头内，这种消声装置常称为消声弯头。空气洁净系统一般不设置消声器，避免吸声材料内的灰尘污染洁净系统，尽量采取其他综合措施，来满足空气洁净系统的要求。如必须使用消声器时，应选用不易产尘和积尘的结构及吸声材料，如穿孔板消声器等。

（1）消声器的种类

消声器的种类和构造形式较多。按消声器的原理可分为四种基本类型，即阻式、抗式、共振式及宽频带复合式等。

1）阻式消声器是用多孔松散材料消耗声能以降低噪声。这类消声器有片式、管式、蜂窝式、折板式、迷宫式及声流式。它对中高频噪声有良好的消声作用。

2）抗式消声器又叫膨胀式消声器，是利用管道内截面突变，使沿管道传播的声波向声源方向反射回去，而起到消声作用。它对低频噪声有较好的消声效果。这类消声器有单节、多节和外接式、内插式等。

3）共振性消声器是利用穿孔板小孔的空气柱和空腔（即共振腔）内的空气，构成一个弹性系统，其固有频率为 F。当外界噪声频率和弹性系统的固有频率相同时，将引起小孔处空气柱的强烈共振，空气柱小孔壁发生剧烈摩擦而消耗声能。它可用于消除噪声低频部分。

4）宽频带复合式消声器吸收了阻式、抗式及共振性消声器的优点，从低频到高频都具有良好的消声效果。它是利用管道截面突变的抗性消声器原理和腔面构成共振吸声，并利用多孔吸声材料的阻性消声原理，消除高频和大部分中频的噪声。

（2）消声器的安装

消声器的安装与风管的连接方法相同，应该连接牢固、平直、不漏风，但在安装过程中应注意下列几点：

1）消声器在运输和吊装过程中，应力求避免振动，防止消声器的变形，影响消声效果。特别对于填充消声多孔材料的阻、抗式消声器，应防止由于振动而损坏填充材料，不但降低消声效果，而且也会污染空调环境。

2）消声器在系统中应尽量安装在靠近使用房间的部位，如必须安装在机房内，应对消声器外壳及消声器之后位于机房内的部分风管采取隔声处理。当为空调系统时，消声器外壳应与风管同做保温处理。

3）消声器安装前应将杂物等清理干净，达到无油污和浮尘。

4）消声器安装的位置、方向应正确，与风管的连接应严密，不能有损坏和受潮。

5）组合式消声器消声组件的排列、方向和位置应符合设计要求。单个消声器组件的固定应牢固。

6）消声器、消声弯头应设置独立的支、吊架，以保证安装的稳固。

5.5 挡水板安装

挡水板分为前挡水板和后挡水板，分别安装在空气处理室喷雾段之前和之后。挡水板除了有防止悬浮在喷水室中的水滴被气流带走外，前挡水板（又称分风板）还起到使气流均匀分布和防止前加热器辐射热的作用，后挡水板主要用来收集空气中夹带的水滴，亦有净化空气的作用。

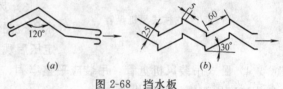

图 2-68　挡水板
(a) 前挡水板；(b) 后挡水板

挡水板一般用厚度为 0.75～1mm 的镀锌钢板加工成锯齿形的直立折板，如图 2-68 所示。也可用玻璃板条拼接做成。前挡水板应做成 2～3 折，总宽度为 150～200mm，后挡水板应做成 4～6 折，总宽度为 350～500mm，折板的间距为 25～50mm，折角为 90°～120°。

挡水板的安装质量直接影响挡水效果。安装时要注意以下几点：

1）应与土建配合，在空调室侧壁上预埋钢板。

2）将挡水板的槽钢支座、连接支撑角钢的短角钢，焊接在空调室侧壁上的预埋钢板上。

3）将两端的两块挡水板，用螺栓固定在侧壁的角钢框上，再将一边的支撑角钢用螺栓连接在短角钢上。

4）先将挡水板放在槽钢支座上，再将另一边的支撑角钢用螺栓连接在侧壁上的短角钢上；然后用连接压板将挡水板边压住，用螺栓固定在支撑角钢上，如图 2-69 所示。

5）挡水板应保持垂直。挡水板之间的距离应符合设

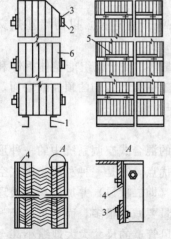

图 2-69　钢挡水板的安装
1—槽钢支座；2—短角钢；3—支撑
角钢；4—边框角钢；5—连接板；
6—挡水板

计要求。两侧边框应用浸铅油的麻丝填塞，防止漏水。

5.6 风机盘管和诱导器的安装

风机盘管、诱导器应具有出厂合格证，其结构类型、安装方式、出口方向、进水位置等应符合设计安装要求。

5.6.1 风机盘管的安装

风机盘管主要由风机和盘管组成。随安装形式的不同，有明装和暗装两种不同的结构

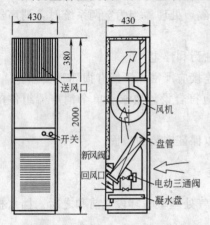

图 2-70 立柱式风机盘管

形式，而且随水管在左或右的位置（面对空调器正面）不同，又有左式、右式之分。暗装可置于顶棚内（卧式）或窗口下（立式），其回风口、送风口均由建筑装配修饰。明装可安装在室内地面上，如新型的立柱式风机盘管（图 2-70）机组，还可用短风管将送风口装在室内任何合适的位置。

在安装过程中应注意下列事项：

1）配合土建施工，做好预留、预埋工作。

2）空调系统干管安装完毕后，检查接往风机盘管的支管预留管口位置标高是否符合要求。

3）风机盘管在安装前宜进行单机三速试运转及水压检漏试验。试验压力为系统工作压力的 1.5 倍，定压后观察 2min，要求不渗不漏。

4）卧式吊装风机盘管，吊装应平整牢固、位置正确。吊杆不应自由摆动，吊杆与托盘相连应用双螺母紧固找平。

5）冷热媒管与风机盘管连接宜采用钢管或紫铜管，接管应平直；凝结水管宜用软性连接的金属软管或透明胶管，坡度应正确，凝结水应畅通地流到指定位置，水盘应无积水现象。

6）风机盘管的管道，应在整个系统冲洗排污后再与系统干管连接，以防堵塞热交换器。

7）暗装的风机盘管，保护罩（或吊顶）应留有活动检查门，便于机组能整体拆卸和维修。在安装过程中应与室内装饰工作密切配合，防止在施工中损坏装饰的顶棚或墙面。

8）机组的电气接线盒离墙的距离不应过小，应考虑便于维修。

5.6.2 诱导器的安装

诱导式空调系统是将空气集中处理和局部处理结合起来的混合式空调系统中的一种形式。这种系统在一定程度上兼有集中式和局部式空调系统的优点。它是一种利用集中式空调器来的初次风（一次风）做诱导动力，就地吸入室内回风（即二次风）并加以局部处理的设备，用以代替集中式系统的送风口。被输送的初次风风量要减少很多，而且采用15～25m/s 的高风速输送空气，可大大缩小送风管道尺寸，使回风管道的尺寸大大地缩小甚至取消，适用于建筑空间较小而装饰要求较高的老建筑改造、地下建筑、舰船等特定场所。

诱导器有立式、卧式两种类型（图 2-71）。立式（YDL75 型）可装于窗台下的壁龛内，卧式（YDW75 型）可悬吊于靠近房间的内墙的顶棚下。两类诱导器都各有 A、B、D

三种喷嘴类型，1、2、3 种诱导器长度，单、双排（Ⅰ、Ⅱ）两种盘管组合，共 36 种规格，可以满足不同冷量、一次风量、比冷量（单位一次风冷量）、噪声等各种具体要求。

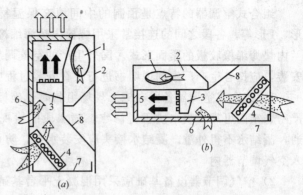

图 2-71　YD75 型诱导器构造
(a) 立式（YDL75）；(b) 卧式（YDW75）
1—一次风连接管；2—静压箱；3—喷嘴；4—二次盘管；
5—混合段；6—旁通风门；7—凝水盘；8—导流板

诱导器安装应符合下列要求：

（1）诱导器安装前必须对每台进行质量检查，检查的内容如下：

1）诱导器各连接部分不能有松动、变形和破裂等现象。

2）喷嘴不能脱落和堵塞。

3）静压箱封头的缝隙密封材料，不应有裂痕和脱落。

4）一次风风量调节阀必须灵活可靠，并调至全开位置，便于安装后的系统调试。

（2）诱导器经产品质量检查，能确保正常使用，即可进行安装。安装要求如下：

1）按设计要求的型号就位安装，并注意喷嘴的型号。

2）诱导器与一次风管连接处要密闭，必要时应在连接处涂以密封胶或包扎密封胶带，防止漏风。

3）诱导器水管接头方向和回风面朝向应符合设计要求。立式双面回风诱导器，应将靠墙一面留 50mm 以上的空间，以利回风；卧式双回风诱导器，要保证靠楼板一面留有足够的空间。

4）诱导器的出风口或回风口的百叶格栅有效通风面积不能小于 80%；凝结水盘要有足够的排水坡度，保证排水畅通。

5）诱导器的进出水管接头和排水管接头不得漏水；进出水管必须保温，防止产生凝结水。

风机盘管、诱导器在安装前应对机组盘管进行水压试验。暗装机组要设支、吊架，以使机组安装稳固，并便于拆装检修。机组和冷热媒管道连接，应在管道系统清洗干净后进行，安装时，进出水管位置不能颠倒，与水管相连的管路最好用软管，软管弯曲半径不能过小，且不能渗漏。机组的凝结水管应有足够坡度。机组的风管、回风室和风口的连接处应严密。

风机盘管和诱导器一样，都是空调系统的末端装置。与诱导器的区别在于风机盘管是由风机和盘管组成的机组，设在空调房间内，靠开动风机把室内空气（回风）和部分新风吸进机组，经盘管冷却或加热后又送入房间，使之达到空气调节的目的。

风机盘管机组所用的冷、热媒与诱导器相同，是集中供应的，新风采用集中处理后供给和就地吸取两种，属于混合式空调系统，具有开闭灵活的特点，可节省能源的消耗。

5.7　空调机组的安装

5.7.1　组合式空调器和新风机组的安装

（1）组合式空调器的特点

组合式空调器的特点是预制的中间填充保温材料的壁板，其中间的骨架有 Z 形、U 形、I 形等。各段之间的连接常采用螺栓内垫海绵橡胶板的紧固形式，也有的采用 U 形卡兰内垫海绵橡胶板的紧固形式。国外生产的空气调节机也有用插条连接。组合式空调器的安装，应按各生产厂家的说明书进行。在安装过程中应注意下列问题：

1) 组合式空调器各段在施工现场组装时，坐标位置应正确，并找正找平，连接处要严密、牢固可靠，喷水段不得渗水，喷水段的检视门不得漏水。凝结水的引流管应该畅通，凝结水不得外溢。凝结水接头应安装水封，防止空气调节器内空气外漏或室外空气进入空气调节器内。

2) 空气调节器设备基础应采用混凝土平台基础，基础的长度及宽度应按照设备的外形尺寸向外各加大 100mm，基础的高度应考虑到凝结水排水管的坡度，不小于 100mm。

设备基础平面必须水平，对角线水平误差应不超过 5mm。有的空气调节器可直接平放在垫有 3～5mm 橡胶板的基础上。也有的空气调节器平放在垫有橡胶板的 10 号工字钢或槽钢上，即在基础上敷设三条工字钢，其长度等于空气调节器各段的总长度。

3) 设备安装前应检查各零部件的完好性，对有损伤的部件应修复，对破损严重的要予以更换。对表冷器、加热器中碰歪碰扭的翅片应予校正，各阀门启闭灵活，阀叶应平直。对各零部件上防锈油脂，积尘应擦除。

4) 表冷器或加热器应有合格证书，在技术文件规定期限内，外表面无损伤，安装前可不做水压试验，否则应做水压试验。试验压力等于系统最高工作压力的 1.5 倍，不得低于 0.4MPa，试验时间为 2～3min，压力不得下降。

5) 为减少空气调节器的过水量，挡水板与喷淋段壁板间的连接处应严密，使壁板面上的水顺利下流。应在挡水板与喷淋段壁板交接处的迎风侧，和分风板与喷淋段壁板交接处设有泛水。挡水板的片距应均匀，梳形固定板与挡水板的连接应松紧适度。挡水板的固定件应做防腐处理。挡水板和喷淋水池的水面如有一定缝隙，将会使挡水板分离的水滴吹过，增大过水量。因此，挡水板不允许露出水面，挡水板与水面接触处应设伸入水中的挡水板。分层组装的挡水板分离的水滴容易被空气带走，每层应设排水装置，使分离的水滴沿挡水板流入水池。其排水装置如图 2-72 所示。

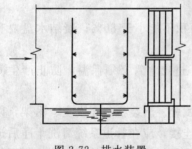

图 2-72　排水装置

6) 空气喷淋室对空气处理的效果，还取决于喷嘴的排列形式。喷嘴安装的密度和对喷、顺喷的排列形式，应符合设计要求。同一排喷淋管上的喷嘴方向必须一致，分布均匀，并保证溢水管高度正确。

7) 空气调节器现场组装，必须按照下列的程序进行：

A. 对于有喷淋段的空气调节器，首先应按照水泵的基础为准，先安装喷淋段，然后左右两边分组同时对其他各功能段进行安装。

B. 对于有表冷段的空气调节器，也可由左向右或由右向左进行组装。

C. 在风机单独运输的情况下，先安装风机段空段体，然后再将风机装入段体内。

D. 现场组装的组合式空调器组装后，应做漏风量的检测，其漏风量必须符合国家标准 GB/T 14294 的规定。

8）表冷器或加热器与框架的缝隙及表冷器或加热器之间的缝隙，应用耐热垫片拧紧，避免漏风而短路。

9）对于现场浇筑的混凝土空气调节器，预埋在混凝土内的供回水短管应焊有方肋板，防止漏水或渗水，并避免维修时使混凝土松动。管端应配上法兰或螺纹，距空气调节器墙面为100～150mm。

5.7.2 单元式空气调节机的安装

单元式空气调节机又称为空调机组或风柜（图2-73）。它是将处理空气用的冷、热和加湿设备及风机和自动控制设备组装在一个箱体内，其名义制冷（热）量大于7kW。单元式空气调节机的性能一般执行国家制定的专业标准。

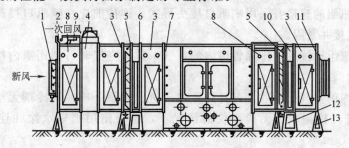

图2-73 一次回风式空调机组的安装

1—新风阀；2—混合室法兰盘；3—中间室；4—滤尘器；5—混合阀；
6—一次加热器；7—淋水室；8—混合室；9—回风阀；10—二次加热器；
11—风机接管；12—加热器支架；13—三角支架

（1）空调机的适用范围

1）恒温恒湿型：当空调机制冷除湿运行时，房间温度20～25℃；当空调机制热加湿运行时，房间温度18～23℃，温度控制精度±1℃。相对湿度50%～70%，相对湿度控制精度±10%。

2）热泵型及冷（热）风型：当空调机制冷运行时，房间温度21～30℃；当空调机制热运行时，房间温度18～24℃，温度控制精度±2℃。

3）适用的环境条件：

A. 风冷式空调机：

a. 当空调机（热泵）制热运行时，室外环境温度应不低于−5℃；

b. 当空调机制冷运行时，室外环境温度应不超过43℃。

B. 水冷式空调机：当空调机制冷运行时，冷凝器的进水温度应不超过33℃。

4）空调机的机外静压：现场不接风管的空调机，机外静压为0Pa。现场需要接风管的空调机的最小机外静压应符合表2-15所列的要求。冷量大于40kW的接风管的空调机，最小的机外静压按制造厂家规定的数值或由用户根据风管的阻力提出要求，但不应低于75Pa。

空调机最小机外静压 表2-15

名义制冷量（≤kW）	8	12	20	30	40
最小机外静压（Pa）	25	37	50	62	75

（2）单元式空气调节机的安装

空调机除按设计要求定位、找平外，对于管路的连接方法，以风冷式机的管路安装为例作介绍。风冷式机的管路安装应进行下列工作：

1）根据室内机组接管的位置，来确定墙上的钻孔位置，按照说明书上要求的钻孔尺寸钻孔。并将随机带来的套管插入墙上钻出的孔洞内，套管应略长于墙孔 10mm 为宜。

2）展开连接管：连接管随机整盘带来，安装前必须将连接管慢慢地一次一小段地展开，不能猛拉连接管，防止由于猛拉而将连接管损坏。

3）按预定管路走向来弯曲连接管，并将管端对准室内外机组的接头。弯曲时应小心操作，不得折断或弄弯管道，管道弯曲半径应尽量要大一些，其弯曲半径不小于 100mm。

4）室内外机组的连接管采用喇叭口接头形式。连接前应在喇叭口接头内滴入少量的冷冻油，然后连接并紧固。

5）室内外机组连接后应排除管道内的空气，排除空气时可利用室内机组或室外机组截止阀上的辅助阀。

6）连接管内的空气排除后，可打开截止阀进行检漏。确认制冷剂无泄漏，再用制冷剂气体检漏仪进行检漏；在无检漏仪的情况下，也可使用肥皂水涂在连接部位处进行检漏。

7）以上工作完成后，即可在管螺母接头处包上保温材料。

5.7.3 窗式空调器安装

窗式空调器安设在窗台或窗框上时，必须固定牢靠，应设遮阳板和防雨罩，但不能阻碍冷凝器排风，凝结水盘要有坡度以利排水。接通电源后先开动风机，检查其旋转方向是否正确。窗式空调器在外墙上的安装孔必须预留，其尺寸为 720mm × 560mm（宽 × 高）。突出墙外部分用 50mm×5mm 的角钢三角架支撑。安装时空调器应稍稍向室外倾斜，以利于排水。空调器与安装孔（或木制安装框）之间的缝隙，必须用橡胶、橡胶海绵、泡沫塑料、纸板等填料填实封严。如图 2-74 所示。

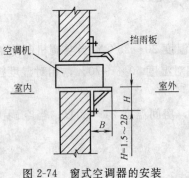

图 2-74 窗式空调器的安装

5.8 除尘器的安装

除尘器的种类较多，按作用于除尘器的外力或作用原理可分为机械式除尘器、过滤式除尘器、洗涤式除尘器及电力除尘器等四个类型。就安装形式及方法而言，可归纳为除尘器在地面地脚螺栓上的安装、除尘器以钢结构支承直立于地面基础上的安装、除尘器在墙上的安装、除尘器在楼板孔洞内的安装几种。

5.8.1 除尘器安装的一般要求

除尘器的安装应符合下列的要求：

1）除尘器的安装应位置正确、牢固平稳，进出口方向必须符合设计要求，垂直度的允许偏差每米不应大于 2mm，总偏差不应大于 10mm。其允许偏差应符合表 2-16 所列的要求。

项次	项 目		允许偏差(mm)	检 验 方 法
1	平面位移		≤10	用经纬仪或拉线、尺量检查
2	标高		±10	用水准仪、直尺、拉线和尺量检查
3	垂直度	每米	≤2	吊线和尺量检查
		总偏差	≤10	

2）除尘器的活动或转动部件的动作应灵活可靠，并应符合设计要求。

3）除尘器的排灰阀、卸料阀、排泥阀的安装应严密，并便于操作与维修管理。

4）支承除尘器的钢结构，其型钢品种、规格、尺寸必须符合设计要求及相应标准图的规定；钢结构的焊接质量必须良好。

5）穿越楼板孔洞安装的除尘器，其楼板孔洞必须预留。基础预埋钢板及地脚螺栓应完好。

6）在基础及墙上栽埋支架混凝土强度达到 70％以上时，方可安装除尘器。

5.8.2 机械式除尘器

机械式除尘器是利用气、尘二相流在流动过程中，由于速度或方向的改变，对气体和尘粒产生不同的离心力、惯性力或重力，而达到分离尘粒的目的。除尘器的除尘效率与气流的流型有直接关系，除尘器的结构要能形成合理的气流组织，按理想的气流流型流动。

除尘器的技术性能，常用处理空气灰尘颗粒大小、处理空气的流量、压力损失及除尘效率来表示。除尘器一般由专业工厂生产，有时由安装单位在现场加工制作，加工制作时应按设计或国家标准图的要求进行。除尘器的筒体外径或矩形外边尺寸的允许偏差不大于 5％。为减少筒体内气流的阻力，提高除尘效率，筒体内外表面应平整光滑、弧度均匀。为减少除尘器与风管连接时的偏差，除尘器的进出风口应平直，筒体排出管与锥体下口应同轴，其偏差不得大于 2mm。

机械式除尘器安装时应注意下列要求：

1）组装时，除尘器各部分的相对位置和尺寸应准确，各法兰的连接处应垫石棉垫片，并将螺栓拧紧。

2）除尘器应保持垂直或水平，并稳定牢固，与风管连接必须严密不漏风。

3）除尘器安装后，在联动试车时应考核其气密性，如有局部渗漏应进行修补。

5.8.3 过滤式除尘器

过滤式除尘器是利用过滤材料对尘粒的拦截与尘粒对过滤材料的惯性碰撞等原理实现分离的。影响其除尘效率的主要因素是滤材的选用与清灰装置的运转效率。过滤器的安装应注意下列要求：

1）外壳、滤材与相邻部件的连接必须严密，不能使含尘气流短路。

2）对于袋式滤材，起毛的一面必须迎气流方向。组装后的滤袋，垂直度与张紧力必须保持一致。拉紧力应保持在 $25 \sim 35 N/m^2$；与滤袋连接接触的短管和袋帽，应无毛刺。

3）机械回转扁袋式除尘器的旋臂，转动应灵活可靠，净气室上部的顶盖，应密封不漏气，旋转应灵活，无卡阻现象。

4）脉冲袋式除尘器的喷吹孔，应对准管中心，同心度允许偏差为 2mm。

5）凸轮的转动方向应与设计要求一致，所有凸轮应按次序进行咬合，不能卡住或断开，并能保证每组滤袋必要的振动次数。

6）振动杠杆上的吊梁应升降自如，不应出现滞动现象。

7）清灰机构动作应灵活可靠。

8）吸气阀与反吹阀的启闭应灵活，关闭时必须严密，脉冲控制系统动作可靠。

5.8.4 洗涤式除尘器

洗涤式除尘器，是利用含尘气体与液膜、液滴间的惯性碰撞、拦截及扩散等作用达到除尘的目的。洗涤式除尘器的除尘效率取决于气、水的混合程度。为保证洗涤除尘效率，其结构应保证液膜或液滴的完整、正常，防止含尘气流短路，避免排出的清洁气体夹带水分而增加气流的阻力。安装时应注意以下问题：

1）水膜除尘器的喷嘴应同向等距离排列；喷嘴与水管连接要严密；液位控制装置可靠。

2）旋筒式水膜除尘器的外筒体内壁不得有突出的横向接缝。

3）对于水浴式、水膜式除尘器，要保证液位系统的准确。

4）对于喷淋式的洗涤器，喷淋均匀无死角，液滴细密，耗水量少。

5.8.5 电除尘器

电除尘器是利用电极电晕放电使尘粒荷电，然后在电场力的作用下驱向沉降而达到灰尘分离的目的。电极实现电晕放电，必须具有足够高的电压。在安装时应符合下列要求：

1）阳极板组合后的阳极排平面度允许偏差为 5mm，其对角线允许偏差为 10mm。

2）阴极小框架组合后主平面的平面度允许偏差为 5mm，其对角线允许偏差为 10mm。

3）阴极大框架的整体平面度允许偏差为 15mm，整体对角线允许偏差为 10mm。

4）阳极板高度小于或等于 7m 的电除尘器，阴、阳极间距允许偏差为 5mm。阳极板高度大于 7m 的电除尘器，阴、阳极间距允许偏差为 10mm。

5）振打锤装置的固定，应可靠；振打锤的转动，应灵活。锤头方向应正确；振打锤头与振打砧之间应保持良好的线接触状态，接触长度应大于锤头厚度 0.7 倍。

6）放电极部分的零件表面应无尖刺、焊疤，电晕线的张紧力均匀一致；组装后的放电极与两侧沉降极的间距保持一致。

7）电除尘器必须具有良好的气密性，不能有漏气现象；高压电源必须绝缘良好。

8）清灰装置动作灵活可靠，不能与周围其他部件相碰。

9）不属于电晕部分的外壳、安全网等，均有可靠的接地。

5.9 制冷压缩机及换热设备的安装

5.9.1 制冷压缩机的安装

（1）基础的检查验收

压缩机的基础需要承受设备本身质量的静载荷和设备运转部件的动载荷，并吸收和隔离动力作用产生的振动。压缩机的基础要有足够的强度、刚度和稳定性，不能有下沉、偏斜等现象。

设备基础施工后。土建单位和安装单位共同对其质量进行检查，待确认合格后，安装单位进行验收。基础检查的内容有：基础的外形尺寸、基础平面的水平度、中心线、标高、地脚螺栓孔的深度和间距、混凝土内的埋设件等。基础经检查如发现标高、预埋地脚螺栓、地脚螺栓孔及平面水平度超过允许偏差时，必须采取必要的措施，处理合格后再进行验收。

（2）上位找正和初平

1）设备上位　设备上位前须将基础表面及螺栓孔内的泥土、污物清理干净，根据施工图纸等用墨线按建筑物的定位轴线对设备的纵横中心线放线，定出设备安装的准确位置。

设备上位就是将开箱后的设备由箱内搬移到设备基础上。可根据施工现场的实际条件采用下列上位方法：

A. 利用机房内已安装的桥式吊车，直接吊装上位。

B. 利用铲车上位。

C. 利用人字架上位，即将设备运至基础上，再将人字架挂上倒链将设备吊起，抽出箱底排，再将设备安装在基础上。采用人字架上位，应注意设备的受力位置，避免钢丝绳与设备表面接触而损坏油漆面及加工面，并使设备保持水平状态。

D. 利用设备滑移上位。将设备和底排运到基础旁摆正，对好基础，再卸下与底排连接的螺栓，用撬杠撬起设备的一端，将几根滚杠放到设备与底排中间，使设备落在滚杠上，再在基础和底排上放三四根横跨滚杠，撬动设备使滚杠滑动，将设备从底排上滑移到基础上。最后撬起设备将滚杠抽出。

2）设备找正　找正是将设备上位到规定的部位，使设备的纵横中心线与基础上的中心线对正。设备如不正，再用撬杠轻轻撬动进行调整，使两中心线对正。在设备找正时，应注意设备上的管座等部件方向应符合设备要求。

3）设备初平　设备初平是在上位和找正后，初步将设备的水平度调整到接近要求的程度。待设备的地脚螺栓灌浆并清洗后，再进行精平。

A. 初平前的准备　初平前的准备工作应从两个方面进行，一是地脚螺栓和垫铁的准备；二是确定垫铁的垫放位置。

地脚螺栓分为长型和短型两种。短型地脚螺栓适合于工作负荷轻和冲击力不大的制冷设备。短型地脚螺栓的长度一般为 100～1000mm，其外形如图 2-75 所示。

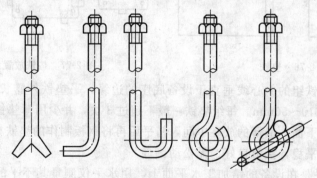

图 2-75　短型地脚螺栓

地脚螺栓的直径与设备底座孔径有关，螺栓直径应比孔径稍小，一般按表 2-17 所列尺寸选用。

设备底座孔与地脚螺栓尺寸（mm）　　　　　　　　表 2-17

底座孔径	12～13	13～17	17～22	22～27	27～33	33～40	40～48
螺栓直径	10	12	16	20	24	30	36

地脚螺栓的长度与其直径及垫铁高度、机座和螺母的厚度有关，可按下式确定：

$$L = 15d + S + (5 \sim 10) \tag{2-2}$$

式中　L——地脚螺栓的长度，mm；

　　　d——地脚螺栓的直径，mm；

　　　S——垫铁高度、机座和螺母厚度的总和，mm。

在设备安装中使用垫铁，是为了调整设备的水平度。垫铁种类较多，有斜垫铁、平垫铁、开口垫铁等。制冷设备安装中常用的垫铁是斜垫铁和平垫铁。

垫铁常用铸铁或钢板制成，厚垫铁多用铸铁，薄垫铁多用钢板。常用的斜垫铁和平垫铁的外形和各部位尺寸如图 2-76 和表 2-18 所示。

斜、平垫铁的尺寸（mm）　　　　　　　　表 2-18

斜　　垫　　铁					平　　垫　　铁			
代号	l	b	c	a	材料	代号	l	b	材料
斜 1	100	50	3	4	普通碳素钢	平 1	90	60	铸铁或普通碳素钢
斜 2	120	60	4	6		平 2	110	70	
斜 3	140	70	4	8		平 3	125	85	

注：1. 厚度 h 可按实际需要和材料情况决定；斜垫铁斜度宜为 1/10～1/20；铸铁平垫铁的厚度最小为 2mm。

2. 斜垫铁应与同号平垫铁配合使用：用"斜 1"配"平 1"，"斜 2"配"平 2"，"斜 3"配"平 3"。

3. 如有特殊要求，可采用其他加工精度和规格的垫铁。

垫铁放置的位置是根据制冷设备底部外形和底座上的螺栓孔位置确定。一般有图 2-77 所示的三种方法。垫铁间的距离以 500～1000mm 为宜。

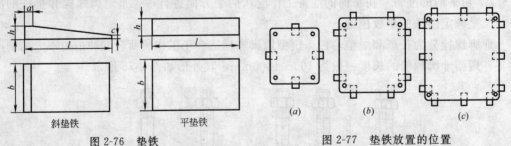

图 2-76　垫铁　　　　　　　　　　图 2-77　垫铁放置的位置

初平前应使垫铁组的中心线垂直于设备底座的边缘，平垫铁外露长度为 10～30mm，斜垫铁外露长度为 10～50mm。每组垫铁一般不超过 3 块，并少用薄垫铁。放置平垫铁应注意将最厚的放在下面，最薄的放在中间，精平后再将钢板制作的垫铁相互焊牢。每一垫铁组应放置整齐、平稳、接触良好、无松动。

B. 初平　初平是在设备的精加工水平面上，用水平仪测量其不平的状况。如水平度相差悬殊，可将低的一侧平垫铁更换一块厚垫铁。如水平度相差不大，可采用打入斜垫铁的方法逐步找平，使其纵向和横向的水平度不超过 1/1000。

在初平时应避免由于设备的精加工面不干净而污染或磨损水平仪。还应注意在调整设备的水平打垫铁时，必须将水平仪拿起。

在初平时，如垫铁打入量过多，外露量接近要求量的下限值时，应更换斜垫铁，保证精平时的调整量。

（3）精平和基础抹面

精平是设备安装的重要工序，是在初平的基础上对设备水平度的精确调整，使之达到质量验收规范或设备技术文件的要求。

1）地脚螺栓二次灌浆　设备初平后，应对地脚螺栓孔进行二次灌浆，所用的细石混凝土或水泥砂浆的强度等级，应比基础强度等级高 1～2 级。灌浆前应处理基础孔内的污物、泥土等杂物，使其干净。每个孔洞灌浆必须一次完成，分层捣实，并保持螺栓处于垂直状态。待其强度达到 70% 以上时，方能拧紧地脚螺栓。混凝土强度所需养护时间与气温有关，表 2-19 所列的为混凝土强度达到 70% 所需天数。

混凝土达到 70% 强度所需天数　　　　　　　　　　　　　　表 2-19

气温(℃)	5	10	15	20	25	30
所需天数(d)	21	14	11	9	8	6

2）精平　精平方法应根据制冷设备的具体情况来确定。常用的精平方法如下：

A. 立式和 W 型压缩机　精平用水平仪在气缸端面或压缩机进排气口（拆下进排气阀门及直角弯头）进行测量。如 W 型压缩机气缸直径较大，也可在直立气缸的内壁上进行测量，如图 2-78 所示。

B. V 型和 S 型压缩机　精平可采用水平仪法及铅垂线法。水平仪法用角度水平仪在气缸端测量水平。如无角度水平仪，可在压缩机的进、排气口及安全阀法兰端面用方水平测量。对于 8AS-17 型压缩机，可利用曲轴箱的盖面进行测量，也可用方水平测量飞轮的外缘水平。

铅垂线法精平时，用铅垂线挂在飞轮的外侧，在飞轮外侧正上方选一个测点，用塞尺测量此点与铅垂线的间距，再转动飞轮，将上方测量点转至下方，并用塞尺测量该点与铅

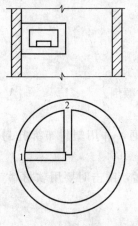

图 2-78　气缸内壁精平示意图

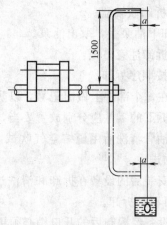

图 2-79　铅垂线法测量轴的水平

99

垂线的间距。这两个间距如不等，则应调整斜垫铁，直至两个间距相等为止。方法如图2-79 所示。

为了提高精平测量的准确性，方水平仪在被测量面上原地旋转 180°进行测量，利用两次读数的结果计算修正。方法是方水平仪第一次读数为零，在原位旋转 180°测量时，气泡向一个方向移动，则说明方水平仪和被测量面都有误差，两者误差相同，较高一面的高度是该读数的一半。如两次测量的气泡向一个方向移动，其被测量面较高一面高度为两次误差格数之和除以 2，方水平仪误差为两次误差格数之差除以 2。如两次测量的气泡各往一边移动，即方向相反时，其被测量面较高一面高度为两次格数之差除以 2，方水平仪误差是两次格数之和除以 2。

3）基础抹面设备精平后，设备底座与基础表面间的空隙应用混凝土填满，并将垫铁埋在混凝土内，用以固定垫铁和将设备负荷传递到基础上。

灌浆层的高度，在底座外面应高于底座的底面，灌浆层上表面应略有坡度，坡向朝外，以防油、水流入设备底座。抹面砂浆应压密实，抹成圆棱圆角，表面光滑美观。

（4）拆卸和清洗

对于整体安装的制冷压缩机，一般仅进行外表清洗，内部零件不进行拆卸和清洗。但如超过设备出厂后的保质期或有明显缺陷时，应进行清洗。

设备拆卸和清洗时，应测量设备的原始装配数据，并做好记录存档。对于不合格的零件应予更换，不符合设备技术文件规定的间隙应进行调整，同时应做好记录，作为运行维修的参考。

1）拆卸步骤：

A. 将设备外表擦干净，先拆下冷却水管和油管，再卸下吸气过滤器。

B. 拆开气缸盖，取出缓冲弹簧及排气阀组。

C. 放出油箱内的润滑油，拆下侧盖。

D. 拆卸连杆下盖，取出连杆螺栓和大头下轴瓦。

E. 取出吸气阀片。

F. 用一副吊栓旋入气缸顶端的螺孔中，取出气缸套。

G. 取出活塞连杆组。

H. 拆卸联轴器。

I. 卸下油泵盖，取出油泵。

2）拆卸注意事项：

A. 按顺序拆卸。

B. 在每个部件上做出记号，以防方向、位置在组装时颠倒。

C. 拆下的零件应分别放置妥当，防止丢失或漏装。

D. 油管清洗后用压缩空气吹试，以校验其干净和畅通，并用塑料布绑扎封闭管端，防止污物进入。

E. 安装后的设备在拆卸和清洗过程中，不可用力过猛，锤击时要用软材料垫好，密封部分可不必拆卸。

F. 设备经拆卸后的开口销必须更换。

3）设备清洗：设备清洗分初洗和净洗。初洗是去掉加工面上的防锈漆、油漆、铁锈、油泥等污物。先用软质刮刀和细布及清洗剂擦洗，然后用煤油或汽油再清洗一次，至清洗干净为止。净洗如用汽油时，清洗后必须涂上机油防止生锈。

设备拆卸清洗的场地应清洁，并备有防火设备。清洗过程应防止油污物污染基础。

5.9.2 换热设备的安装

(1) 冷凝器的安装

冷凝器是承受压力的容器，安装前应检查出厂检验合格证，安装后要进行气密性试验，试验压力则根据制冷剂的种类而定，R717、R22 为 2.0MPa，R12 为 1.6MPa。

冷凝器的上位吊装，应根据施工现场的具体条件选用吊装设备，如倒链、卷扬机或绞车等。设备的找正找平允许偏差为：立式冷凝器和卧式冷凝器的水平度均应小于 1/1000。

1) 立式冷凝器　一般安装在混凝土的水池上，可分为单台或多台安装。立式冷凝器安装在浇制的钢筋混凝土集水池顶部时，为避免预埋的螺栓与冷凝器底座螺孔偏差过大而影响安装，可在预埋螺栓的位置预埋套管，待吊装冷凝器后，将地脚螺栓和垫圈穿入套管中。冷凝器找正、找平后，再拧紧螺母定位。

立式冷凝器安装在集水池顶的工字钢或槽钢上时，应将工字钢或槽钢与集水池顶预埋的螺栓固定在一起，再将冷凝器吊装安放在工字钢或槽钢上。

立式冷凝器安装在集水池顶上钢板上时，钢板与钢筋混凝土池顶的钢筋应焊接在一起。安装冷凝器时，先按冷凝器底座螺孔位置，将工字钢或槽钢置于预埋的钢板上。待冷凝器找平找正后，将工字钢或槽钢与预埋的钢板焊牢。

在焊接冷凝器的平台和钢梯时，应注意不能损伤冷凝器本体，焊接后应检验有无损伤的现象。

2) 卧式冷凝器　卧式冷凝器一般安装在室内。为使冷凝器的冷却水系统正常运转，应在封头盖顶部装设排气阀，便于冷却水系统运转时排除空气。为了在设备检修时能将冷却水排出，应在封头盖底部设排水阀门。

卧式冷凝器在机房内布置时，应留出相当于冷凝器内管束长度的空间，以便更换或检修管束。如机房的面积较小，也可在冷凝器端面对应位置的墙上开设门窗，利用门窗室外空间更换装入管束。

卧式冷凝器的安装基础，应根据厂家提供的技术文件进行。为节省设备的占地面积，卧式冷凝器可安装在贮液器之上，支架用槽钢制作。安装的垂直高度及间距如图 2-80 所示。

(2) 蒸发器的安装

1) 立式蒸发器（或螺旋管式蒸发器）的安装　为便于运行维护，立式蒸发器的平面

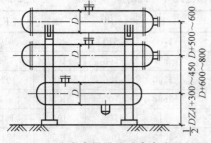

图 2-80　卧式冷凝器的垂直高度及间距

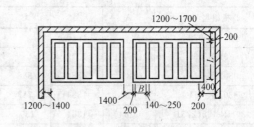

图 2-81　立式蒸发器的平面布置

布置方式可参考图 2-81 所示的各部位尺寸。3 台及少于 3 台的蒸发器可靠墙布置，多于 3 台时，可连成一片或分组安装。

立式蒸发器安装前应对水箱进行渗漏试验。盛满水保持 8～12h，以不渗漏为合格。安装时先将水箱吊装到预先做好的上部垫有绝热层的基础上，再将蒸发器管组放入箱内。蒸发器管组应垂直，并略倾斜于放油端。各管组的间距应相等。基础绝缘层中应放置与保温材料厚度相同，宽 200mm 经防腐处理的木梁。保温材料与基础间应做防水层。蒸发器管组组装后，且在气密性试验合格后，即可对水箱进行保温。

立式搅拌器安装时，应将刚性联轴器分开，清除内孔中的铁锈及污物，使孔与轴能正确地配合，再进行连接。

2）卧式蒸发器的安装　安装方式与卧式冷凝器相同，是安装在已浇制好而且干燥后的混凝土基础或钢制支架上，在底脚与支架间垫 50～100mm 厚的经防腐处理的木块，并保持水平。待制冷系统压力试验及气密性试验合格后，再进行保温。

5.9.3　冷水机组的安装

这里仅以活塞式冷水机组的安装为例进行介绍。

活塞式冷水机组是将压缩机、冷凝器及蒸发器组装在一个公共底座上。机组安装较为简单，仅需按规定的基础位置将机组就位找平、找正、稳固好，接通电源和冷却水、冷冻水管道后，即能启动运转。

（1）机组上位

机组上位前应根据底座螺孔及底座的外形尺寸，检查基础的相应尺寸，基础抹面后的上平面水平度是否符合要求，确认无误后即可将机组上位。

机组的基础及地脚螺孔等尺寸，各种机组的差别较大，应根据具体的机组灌筑混凝土基础。图 2-82 是 30HK、30HR 冷水机组的基础，表 2-20 给出基础各部位尺寸。

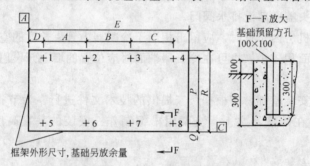

图 2-82　30HK、30KR 冷水机组基础

30HK、30HR 冷水机组基础各部位尺寸（mm）　　　　表 2-20

机组型号	A	B	C	D	E	P	Q	R
30HK-036		1660			1700	510	200	910
30HK-065		1512			556	508	108	724
30HK-115	888	1384	888	20	3200	730	148	1026
30HR-161	717	1384	717	25	2868	700	105	910
30HR-195(225)	1384	1384	1397	25	4215	700	105	910
30HR-250(280)	1318	1384	1318	25	4070	1065	105	1275

注：除 30HK-036、30HK-065 底脚螺栓为 4 只，其余机组均为 8 只。地脚螺栓的规格为 M16×300。

机组的吊装方法与散装制冷压缩机相同。吊装时应注意不使机组底座变形；吊装的钢丝绳应设于蒸发器或冷凝器筒体支座外侧，并注意钢丝绳不致使仪表盘、油管、水管等部件受力；钢丝绳与机组接触点应垫上木板等。

如采用其他上位方法，应注意机组的重心，避免造成机组倾倒事故。

机组上位后，其中心应与基础轴线重合，两台以上并列的机组，应在同一基准标高线上，允许偏差为±10mm。

机组应在气缸等加工面上找平，也可在公共底座上找平，其允许偏差为1/1000。

（2）机组清洗

用油封的制冷压缩机，如在设备技术文件规定期限内，且外观完好，无损坏和锈蚀时，可仅拆洗缸盖、活塞、气缸内壁、吸排气阀及曲轴箱等，并检查所有紧固件、油路是否畅通，更换曲轴箱内的润滑油。充有保护性气体或制冷工质的机组，如在设备技术文件规定的期限内，充气压力未变化，且外观完好，可不对压缩机进行内部清洗。如需要清洗，其清洗的范围与油封制冷压缩机相同。

复习思考题

1. 简述通风与空调工程所用主材和辅材有哪些？
2. 通风与空调风管展开划线的工具有哪些？
3. 简述金属薄板在剪切前及剪切时有什么要求？
4. 简述用金属板材制作风管及配件常用哪些方法进行连接？
5. 简述用金属板材制作风管的咬口连接有哪几种形式？并画图说明。
6. 简述风管与风管、配件之间的连接方法有哪些？
7. 简述风管为何要进行加固？如何进行加固？
8. 简述通风与空调管管件的展开下料常用哪些方法？
9. 绘制通风与空调系统加工安装草图有何目的？绘制前应做好哪些方面准备工作？
10. 简述加工安装草图绘制的步骤与方法。
11. 在安装尺寸的安排上，应按怎样的顺序来确定？
12. 在通风与空调的加工安装草图上应标写有哪些尺寸和内容？
13. 在列出的通风与空调系统管、配件加工的明细表中应列出哪些加工内容与要求？
14. 组织学生进行一次类似课题3通风与空调系统加工安装草图的大练习。
15. 通风与空调管道安装的一般程序是什么？
16. 风管连接时，法兰垫料的材质如设计图纸无明确规定时，应如何进行选用？
17. 简述风管安装的基本要求有哪些？
18. 简述防火阀安装的注意事项。

单元 3   通风与空调系统调试、验收与运行管理

　　知 识 点：主要讲述通风与空调系统单机试运转，系统的测定和调试，系统的运行调节，系统调试常见问题的分析及其解决方法，系统的竣工验收及工程回访、保修。

　　教学目标：1. 了解通风与空调系统单机试运转前的准备工作和单机试运转的要求；

　　2. 了解通风与空调系统调试运行的目的、主要内容及调试前的准备工作；

　　3. 了解空调系统的运行调节的目的，调节的方法与适用的工况；

　　4. 了解通风与空调系统调试中常见问题的分析及其解决方法；

　　5. 掌握通风与空调系统竣工验收的程序与要求，并了解通风与空调工程回访、保修的基本内容。

　　空调系统在施工安装后，正式投入使用之前，需要进行系统调试运行，经验收合格（系统达到设计与使用的要求）后，才能交付运行使用。空调系统的调试运行是在系统的设备、管道均已安装完好，设备安装已进行单机试运转等，且均已达到合格标准后，对系统进行的一种联合调试运行。这种调试运行分无生产负荷的联合试运行和带生产负荷的综合效能测试调整两个阶段。前一阶段的试运行是由施工单位负责，是安装工程施工的组成部分；后一阶段的测试调整是由建设单位负责，设计与施工单位配合进行的调试。

　　对已建成并投入使用的空调系统，由于工艺过程的变化，室外气象参数和室内冷（热）湿负荷的变化及维护管理的不当等，可能出现系统运行的失调或故障，这就需要对系统进行运行的调节和运行的维护管理，以使系统正常地工作，满足用户对系统运行使用的要求。

　　空调系统的调试与运行管理是实践性很强的技术内容。本单元主要讲述通风空调系统单机试运转，系统风量的调整，系统送风参数的测定和调试，系统的运行调节，系统的运行调节与管理及调试中可能出现的故障、解决方法，系统的竣工验收及工程回访、保修等。

课题 1   通风与空调系统的调试运行

1.1   通风与空调系统调试运行的目的、内容及准备工作

1.1.1   通风与空调系统调试运行的目的

　　通风与空调系统调试运行是保证工程质量，实现其功能不可缺少的重要环节。通风与空调系统建成后，只有通过对通风与空调系统进行全面的测试与调整，才能检查其是否达到了预期效果；通过通风与空调系统的调试运行，也可以发现系统设计，施工质量和设备性能方面存在的问题，以便采取相应的改进措施保证使用要求，也为空调系统能经济合理

地运行积累资料。

1.1.2 通风空调系统调试运行的内容

空调系统测定调试的内容主要有系统空气的动力工况和热力工况两个方面。前者主要是指系统风量、风压的测定与调整，后者则是系统冷热负荷处理能力，送风参数及工作区温度、湿度的测定与调整。

1.1.3 测定调试前的准备工作

（1）熟悉设计资料

测定调试前必须熟悉空调系统的全部设计资料，如图纸和设计说明书等，除了了解设计的意图、参数以及系统的组成，所用设备的性能，使用方法外，还应现场重点了解弄清空调系统的送、回风系统，供热或供冷系统及自动控制系统等的组成、位置、走向、特点及各种调节装置，检测仪表的位置等。

（2）准备测定仪表

根据空调系统的精度要求，选择相应等级的测定仪表，并进行校验与标定，以保证测定数据的准确性。

（3）编制测定调试计划

为了使测定调试工作顺利开展，在测定调试之前应编制测定调试计划。计划内容主要包括测定调试的目的、任务、时间、程序、方法及人员安排等。

空调系统和空气洁净系统的试运行和调试程序如图 3-1 和图 3-2 所示。

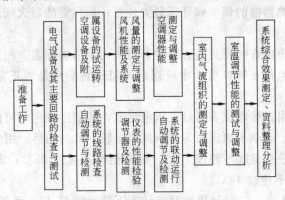

图 3-1　空调系统的测定调试程序

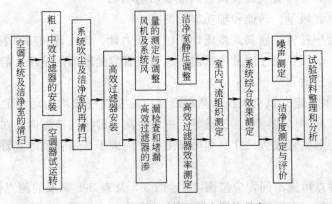

图 3-2　空气洁净系统的测定调整程序

1.2　通风空调系统设备的单机试运转

通风空调系统设备的单机试运转是通风空调系统调试运行前必须先做的工作，只有单机试运转达到合格标准后才能进行通风空调系统的测定与调试。空调系统单机试运转主要有风机的试运转，风机盘管与空调机组的试运转，过滤器的运行与检测，空气净化设备等的运行检测。

1.2.1　风机的试运转

(1) 试运转前的检查工作

风机在试运转前应做好如下检查工作：清理场地，防止杂物吸入风机和风管中；核对风机和配套电动机的型号、规格是否与设计一致；检查传动皮带松紧是否适当，皮带的滑动系数（为电机转速×槽轮直径与风机转速×槽轮直径之比）应调到 1.05 左右；检查风机、电机皮带轮或联轴器中心是否在一条直线上，地脚螺栓是否拧紧；检查风机进出口柔性接头是否严密；检查轴承润滑是否足够，如不足应加足；手盘风机叶轮，检查是否有卡碰现象；检查风机调节阀是否灵活，定位装置是否牢靠；检查电气控制装置、开关等是否正常，接地是否可靠。

(2) 风机的启动与试运转

风机启动前，应关好空调机上的检查门和风道上的人孔门，打开主干管、支干管、支管上的调节阀门，将三通调节阀调至中间位置；打开送回风口的调节阀门；新风入口，一、二次回风口和加热器前的调节阀开至最大位置；回风管的防火阀调在开启位置；加热器旁通阀关闭。

风机启动时，还应检查叶轮旋转方向是否与机壳上箭头标志方向一致，如不一致应停机，改变接线，保证风机正转；启动中应观察风机运转响声是否正常，如有异常应停机检查。

风机启动后，使用钳形电流表测量电机电流值，若超过额定电流值，可逐步关小总管风量调节阀，直至等于或小于额定值为止。风机运转一段时间后，用表面温度计测量轴承温度，通常滑动轴承最高温度不超过 70℃，最高温升不超过 35℃；滚动轴承最高温度不超过 80℃，最高温升不超过 40℃。

当上述运转检查正常后，通风机在额定转速下试运转 2h 以上无问题，则试运转成功。风机试运转完毕后，应将有关装置调整到准备启动状态。

(3) 风机风压、风量、转速和轴功率的测试

测试的仪表有毕托管、倾斜式微压计、U 形压力计、转速计和功率表。

风机的风量、全压是通过测量风机前后风道直管段处断面的全压、静压、动压及风道流通断面面积来确定的。

1) 风机风压的测定　风机风压的测定断面应选择在气流均匀而稳定的直管段上，离开产生涡流的局部配件（如弯头、三通等）一定距离，即按气流方向，在局部阻力之后大于 5 倍管径（或矩形风管大边尺寸）和局部阻力之前大于 2 倍管径的直管段上选择测定断面，如图 3-3 所示。

由于断面上各点风速不同，应按图 3-4、图 3-5 及表 3-1 要求的测点数目和测点布置进行测量。风机风压测定所用毕托管与微压计的连接方式如图 3-6 所示。

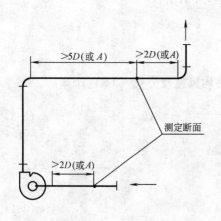

图 3-3　测定断面离局部配件的距离
D—圆形风管直径；A—矩形风管大边尺寸

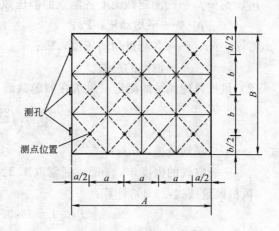

图 3-4　矩形风管测点布置
$a \approx b \approx 200mm$

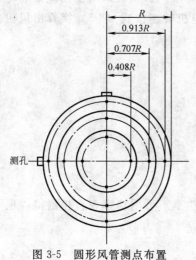

图 3-5　圆形风管测点布置

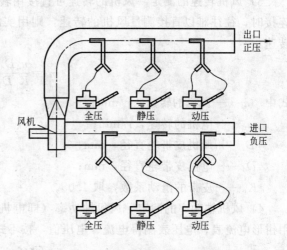

图 3-6　毕托管与微压计的连接方式

圆形风管测点划分的圆环数及测点数　　　　　　　　表 3-1

风管直径(mm)	<200	200~400	400~600	600~800	800~1000	>1000
圆环数 m	3	4	5	6	8	10
测点数	12	16	20	24	32	40

　　风机平均静压与平均全压使用公式（3-1），按算术平均值法来计算；风机平均动压使用公式（3-2），采用均方根值法求平均值算得数值。

$$p = \frac{p_1 + p_2 + \cdots + p_n}{n} \tag{3-1}$$

$$p_d = \left(\frac{\sqrt{p_{d_1}} + \sqrt{p_{d_2}} + \cdots \sqrt{p_{d_n}}}{n} \right)^2 \tag{3-2}$$

式中　　　　p——平均静压，或平均全压，Pa；

p_1、$p_2\cdots p_n$——测定截面上各测点的静压或全压值，Pa；

p_d—— 平均动压，Pa；

p_{d_1}、$p_{d_2}\cdots p_{d_n}$——各测点的动压值，Pa；

n——测点的总数。

2）风机风速风量的测定 风机在测定截面上的平均风速按公式（3-3）计算：

$$v=\sqrt{\frac{2p_d}{\rho}} \tag{3-3}$$

式中 v——平均风速，m/s；

ρ——空气的密度，kg/m^3，通常取 1.2。

风机风量按式（3-4）计算：

$$L=3600F\cdot v \tag{3-4}$$

式中 L——风量，m^3/h；

F——风管截面积，m^2。

3）风机转速的测定 风机的转速可直接用转速计测量。当风机采用三角皮带与电机连接时，往往难以直接测量风机的转速，则用实测的电机转速按式（3-5）换算出风机的转速：

$$n_f=\frac{n_d D_d}{K_p D_f} \tag{3-5}$$

式中 n_f——风机的转速，r/min；

n_d——电机的转速，r/min；

D_f——风机皮带轮直径，mm；

D_d——电机皮带轮直径，mm；

K_p——皮带的滑动系数，取 1.05。

4）风机轴功率的测定 风机轴功率（即电机输出功率）可用功率表直接测得，也可用钳形电流表、电压表测得电流、电压值，按下式计算：

$$N=\frac{\sqrt{3}VI\cos\varphi}{1000}\eta_d \tag{3-6}$$

式中 N——风机的轴功率，kW；

V——实测的相电压或线电压，V；

I——实测的相电流或线电流，A；

$\cos\varphi$——电机的功率因素，0.8～0.85；

η_d——电机效率，0.8～0.9。

1.2.2 风机盘管的运转

1）风机盘管夏季运转的冷水供给温度应不低于 7℃，冬季运转的热水供给温度应不高于 65℃。要求供给水是清洁、软化的水。

2）检查电机轴承是否加好润滑脂。

3）带温控器的风机盘管机组在夏季运行时，应将冬夏转换开关置于夏季，冬季运行时置于冬季。

4）风机盘管运转前，应打开机组回水管上备有的手动放气阀，待盘管及管路内空气排净后再关闭放气阀。

5）装有过渡网的机组应经常清洗过滤网，以保证回风畅通。同时应保持盘管的清洁，以保证换热器良好的传热性能。

6）风机盘管机组的三速、温控开关的动作应正确一致。运行时，叶轮旋转方向正确，在各档转速时均应正常启动和运转，无异常振动与声响。

7）风机盘管应有的良好的隔热措施，明装机组箱体外表面不能有结露，暗装机组箱体外表面应无结露水外滴。

8）风机盘管（单盘管无静压）的单位风机功率供冷量、水阻力和噪声值应不大于表3-2所列的要求。

风机盘管单位风机功率供冷量、水阻力和噪声值   表 3-2

代号	名义风量 （m^3/h）	单位风机功率供冷量 （W/W）	水阻力 （kPa）	噪声值 dB(A)
2.5	250	40	15	35
3.5	350	45	20	37
5	500	50	24	39
6.3	630	55	30	40
7.1	710	52	40	42
8	800	50	44	45
10	1000	45	54	47
12.5	1250	47	34	46
14	1400	45	38	48
16	1600	45	40	50
20	2000	40	50	54
25	2500	—	—	—

1.2.3 空调机组的试运转与测定

（1）试运转前的检查与工作

试运转前应调节窗叶片和校正由于运输或安装中碰歪的加热器和表冷器翅片；检查空气过滤段的安装方向是否是初效过滤器→中效过滤器→高效过滤器的流动方向；检查各控制阀门、调节窗、密封门的可靠性，是否启闭灵活，关闭严密。

（2）漏风率的要求与测定

运行中，各段间应连接严密。漏风率要求为：当集中空调机组的静压力值为700Pa时，漏风率不大于3%；净化系统，当机组静压力值为1kPa时，室内洁净度小于1000级时，漏风率不大于2%；净化系统，室内洁净度大于等于1000级时，漏风率不大于1%。

系统（机组）漏风率 ξ 可按式（3-7）计算：

$$\xi = \frac{L_s - \sum L_{ci}}{L_s} \tag{3-7}$$

式中 L_s——系统（机组）总送风量；

     $\sum L_{ci}$——系统（机组）各输出末端风量之和。

空调机组的出风量可用风速仪测出出风口的风速，由平均风速计算风量。

（3）喷水室性能的测定

喷水室性能主要有喷水量、喷水压力、冷却能力和挡水板过水量的测定。

1) 喷水量　喷水室的喷水量可用水表、孔板流量计或积水容器来测量。用积水容器来测量喷水量，其计算公式为：

$$W = \frac{F \cdot \Delta h \cdot \rho_{\mathrm{w}}}{\tau} \qquad (3-8)$$

式中　W——喷水量，kg/s；

$\quad\quad F$——底池截面积，m^2；

$\quad\quad \Delta h$——水位变化高度，m；

$\quad\quad \rho_{\mathrm{w}}$——水的密度，$\mathrm{kg/m}^3$；

$\quad\quad \tau$——时间，s。

2) 喷水压力　喷水压力可用安装在出水管上的标准压力表测量。

3) 冷却能力　通过干、湿球温度计（或热电偶、铂电阻等温度仪表）和风速仪测得喷水室前挡水板前和后挡水板后的平均温度与速度，然后算得喷水室前、后的焓值和通过的风量，按公式（3-9）即可算得喷水室的冷却能力：

$$Q = G\rho(h_1 - h_2) \qquad (3-9)$$

式中　Q——喷水室的冷却能力，W；

$\quad\quad G$——通过的风量，m^3/s；

$\quad\quad \rho$——空气的平均密度，$\mathrm{kg/m}^3$；

$\quad h_1$、h_2——喷水室前、后的焓值，kJ/kg。

测量时，要注意测量截面上测点数和测点的布置，挡水板后的干、湿球温度计温包要防水溅上。

4) 挡水板过水量　在接通第二次加热器，系统工作稳定后，通过测出的紧靠挡水板后空气温度和湿球温度，测出的送风机后空气温度和湿球温度，查出（或计算出）这两位置的含湿量 d_1、d_2，然后用式（3-10）计算过水量：

$$\Delta d = d_2 - d_1 \qquad (3-10)$$

式中　Δd——过水量，g/kg；

$\quad d_1$、d_2——紧靠挡水板后空气和送风机后空气的含湿量，g/kg。

若过水量过大（$d_2 \gg d_1$），将会严重影响输出空气的参数要求，从而影响使用。过水量过大时，可采取降低淋水室的风速，使挡水板叶片布置均匀，减小挡水板的角度，堵塞挡水板周围漏水之处等措施来降低。

(4) 加热器的测定

空调机组加热器的测定主要是加热量的测定，它是通过加热器前后空气的平均温度测定和通过加热器风量的测定，由式（3-11）计算得加热量，然后与设计实际要求的加热量进行比较。

$$Q = 1.84\rho G(t_2 - t_1) \qquad (3-11)$$

式中　Q——加热器的加热量，kW；

$\quad\quad G$——通过加热器的风量，m^3/s；

$\quad t_1$、t_2——加热器前、后的空气的平均温度，℃。

1.2.4　空气过滤器的运行与检测

空气过滤器在运行时应保证有良好的过滤效率，不漏风和较小的压力损失。因此，空气过滤器的检测主要是过滤器过滤效率和压力损失的检测。

（1）过滤效率检测

过滤器过滤效率的检测方法较多，采用哪种检测方法取决于方法本身的适用性。下面简单介绍几种过滤效率检测的方法。

1）质量法：根据称量过滤器前后采样的质量变化，用式（3-12）来计算过滤效率。

$$\eta = \frac{G_1 - G_2}{G_1} \times 100\% \qquad (3-12)$$

式中　η——过滤器过滤效率；

G_1、G_2——过滤器前、后的含尘量，mg/m^3。

质量法可用于初效、中效、亚高效的过滤器过滤效率的测量，而不能用于穿透率小的高效和超高效过滤器过滤效率的测量，因为高效和超高效过滤器下游的采样中，质量的变化是难以精确称量的。

2）比色法：其工作原理是在过滤器前后分别用滤纸或滤膜采样，然后将滤纸放在一定光源下照射，用光电管比色计（又称光电光密度计）测出采样滤纸的透光度，利用透光度与尘量成反比的关系算出过滤效率。比色法可用大气尘作尘源，适用于中效过滤器的检测。

3）钠焰法：其尘源为氯化钠固体粒子。氯化钠固体粒子在氢焰中燃烧时会激发出一种波长为 Å 的火焰，通过光电火焰光度计测得氯化钠粒子浓度，根据过滤器前后采样浓度变化量从而求得效率。钠焰法适用于中、高效过滤器的效率测定，应用较多。

4）油雾法：尘源为透平油的液态油雾。利用油雾的总散射光强与粒子浓度成正比的关系，通过光电浊度计测出的过滤器前后采样浓度变化量求得过滤效率。油雾法适用于亚高效和高效过滤器的效率检测。

（2）过滤器压力损失的检测

过滤器进、出口接管处的全压差即为过滤器的压力损失值（或过滤器的阻力损失），即：

$$\Delta p = p_2 - p_1 \qquad (3-13)$$

式中　Δp——过滤器的阻力损失，Pa；

p_1、p_2——过滤器进、出口处的平均全压，Pa。

1.3　空调系统的测定和调试

空调系统的测定和调试内容主要有系统风量的测定与调试，室内正压的测定和调试，系统送风温度、湿度的测定和调试，室内气流组织、温度、湿度的测定和调试等。

1.3.1　空调系统风量的测定与调试

在进行空调系统风量的测定与调试之前，系统风机运转应正常，管网中无漏风，阀门无启动不灵或损坏等问题。关于空调系统风量测定的方法与 1.2.1 风机的试运转中，风机风量的测定相同，本处只介绍系统风量的平衡调试。

空调系统风量的调试是使经空调机组处理的空气能按设计要求，沿着主干管、支干管及支管和送风口输送到各空调房间，为空调房间建立所需的温度、湿度环境提供重要保证。

空调系统的风量调整实质上是通过改变管道的流通面积或阻力来实现的。如通过风管系统上调节阀门的开启度的调整，风口处百叶窗及百叶阀的调整等，使系统的总风量、新风量、回风量以及各支路风量的分配满足设计要求。由于任何局部风量的调整都会对整个系统风量的分配发生或大或小的影响，因此系统风量的调整应按一个科学的方法及步骤进行，才能达到良好的调整效果。目前国内常用的风量调整方法有风量等比分配法，基准风口调整法和逐段分支调整法等。

（1）风量等比分配法（图 3-7）

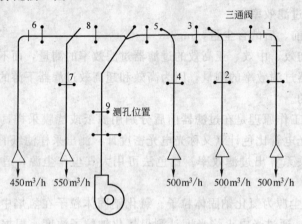

图 3-7　系统风量平衡调整示意图

风量等比分配法调整表　　　　　　　　　　　　　　表 3-3

管段编号	设计风量（m³/h）	相邻管段设计风量比	调整后实测风量比
1	500	$L_1 : L_2 = 1 : 1$	$L_1' : L_2' =$
2	500		
3	1000	$L_3 : L_4 = 2 : 1$	$L_3' : L_4' =$
4	500		
…	…		.

风量等比分配法具体调整步骤是：

1）绘制系统简图，并标出各风口的设计风量及各管段的编号；

2）按表 3-3 格式计算并列出各相邻管段间的设计风量比值；

3）从最远管段，即最不利的风口开始（图 3-7 中支管 1、2 开始），采用两套仪器分别测量相邻管段的风量，调节三通调节阀或支管上的调节阀的开启度，使所有相邻支管间的实测风量比值（如 $L_1' : L_2'$）与设计风量比值（如 $L_1 : L_2$）近似相等；

4）最后调整总风管的风量达到设计的风量，根据风量比例分配的原理，系统可自动使各支、干管符合设计风量的近似值。

实践证明，风量等比分配法结果比较准确，反复测量次数不多，节省调试时间，适用于较大的集中式空调系统。但由于测量时每一管段上都要打测孔，在实际工程中，若空间狭窄不能打测孔，则会限制该方法的使用。

（2）基准风口调整法

这种方法由于不需打测孔，减少了工作量，可加快调试速度，多用于空调系统送、回风口数目很多的情况。其调整步骤是：

1) 风量调整之前，打开系统所有阀门，并将系统各三通阀置于大致的设计分配流量比值位置上（图 3-7 中，支管 1、2 上的分配三通阀大致置于中间；支管 3、4 上的分配三通阀的开度比值为 2：1），而总阀门处于某实际运行的位置上；

2) 风机启动后，通过风速仪测出全部风口的初测风量，并将数值记录到表 3-4 所示的风量记录表中，计算每个风口初测风量 L_c 与设计风量 L_s 的比值；

基准口法调整表 表 3-4

风口编号	设计风量（m³/h）	最初实测风量（m³/h）	L_c：L_s
1	500		
2	500		
3	1000		
4	500		
…	…		

3) 选择各支、干管上比值最小的风口作为基准，进行初调。其目的是使其与各风口的实测风量比值与设计风量的比值近似相等。例如在图 3-7 的系统中，支干管 5 上有三个风口，假定初测后风口 1 的 L_{c1} 和 L_{s1} 比值最小，则风口 1 可作为管段 5 上的基准风口。用两套仪器一组一组地测试基准风口风量与其他风口风量的风量比值，如 L_{c1}：L_{c2} 和 L_{c1}：L_{c3}，通过三通阀的调整使它们近似等于设计的比值，即：

$$L_{c1}：L_{c2} \approx L_{s1}：L_{s2}$$
$$L_{c1}：L_{c3} \approx L_{s1}：L_{s3}$$

4) 最后调整干管 5、8 上的三通调节阀，使得 L_{c5}：$L_{c8} \approx L_{s5}$：L_{s8}，即可使各支干管的风量按调整的比值数将总风量 L_{c9} 分配达到设计的风量。

（3）逐段分支调整法（图 3-7）

这种方法是先从风机开始，将风送风量 L_9 先调整到大于设计总风量的 5%～10%，再调整 6、7 两分支管和 1、2 支管，使之依次接近于设计风量，将不利环路调整近似平衡后，再调整 5、8 支管，最后再调整 9 管段的总风量，使之接近于设计风量。

该方法实为逐步渐近法，是经反复逐段调整各管段来使风量达到设计要求的，一般用于有经验的调试人员调试较小系统。

在空调系统风量调整完毕后，应将各调节阀的手柄用红油漆做出标记，并加以位置固定，以防其他人员随意改变阀门位置，使系统风量的平衡受到破坏时能及时容易地恢复。

1.3.2 室内正压的测定和调试

空调房间特别是恒温恒湿空调房间和空气洁净室必须保持正压。当过渡季节使用大量新风时，其室内正压值不得大于 50Pa。

（1）正压的测定

测量空调房间正压值前，首先试验一下房间内是否处于正压状态。试验的简便方法是用一纤维丝（或点燃着的香烟）放在稍微开启的门缝处，看其飘动的方向。若飘向室外说明房间内是正压，飘向房间内则为负压。

为保证正压值测量准确，应使用补偿式微压计进行测量。方法是把微压计"＋"端接头接上胶皮管置于室内，"－"端接好橡皮管引至室外（管口切勿迎风）与大气相通，从微压计上读取的静压值即是房间内保持的正压值。

（2）正压的调试

为了保持空调房间的正压值，一般是靠调节房间回风量的大小来实现。在房间送风量不变的情况下，开大房间回风调节阀，就能减小室内正压值，关小调节阀门时就会增大正压值。如果房间内有两个以上的回风口时，在调节阀门时，应考虑到各回风口风量的均匀性。否则，将对空调房间气流组织带来不良的影响。如果房间内还有局部排风系统，必须先进行排风系统的风量平衡，排风量应准确。否则，不能保证空调房间正压的调试。

对于空气洁净系统的正压调试，应符合下列规定：

1）对于一般空调房间，为稳定室内空气参数和一般防尘要求，应使室内正压维持5～10Pa；

2）超净房间，应使室内正压＞走廊正压＞生活间压力＞室外压力。室内与室外相比，正压值不应大于50Pa；

3）相邻不同级别洁净室之间和洁净室与非洁净室之间的压差应大于5Pa。

1.3.3　系统送风温度和相对湿度的测定与调试

（1）送风温度和相对湿度的测定

空调系统送风温度和相对湿度的测定主要是检查系统能否在室外新风为设计状态时保证要求的设计送风温度和送风相对湿度。它们应该在系统风量平衡之后，室外气象条件接近设计工况条件下进行，测试部位可以在风管内或在风口处。

对于一般精度的空调系统，可以用0.1℃刻度的水银温度计测量温度；高精度的空调系统，可用0.01℃刻度的水银温度计或小量程温度自动记录仪测试。相对湿度可用带小风扇的干、湿球温度计或电阻湿度计测试。

在风管内测定空气的温度和相对湿度时，测点应尽可能布置在气流比较稳定，湿度比较均匀的断面上。如果同一断面上各点参数差异较大，则应多测几点取平均值。

在风口处测量空气的温度和相对湿度时，测点应布置在靠近风口处不受外界气流扰动的部位，以保证测定的准确性。

（2）送风温度和相对湿度的调整

若实际测试的送风温度和相对湿度达不到设计要求时，一般情况是冷（热）媒的参数或流量不符合设计规定所造成的。若送风温度偏高或偏低，可调节第二、第三换热器的换热量或调节第二次回风量；若相对湿度偏高或偏低，则可调节喷水温度，降低或提高设备露点温度。

如果上述方法调整后，仍满足不了设计和使用的送风温度和湿度要求，则施工单位应会同使用、设计部门共同分析系统存在的问题，找出可能的原因，提出恰当的相应措施，使系统送风的温度和相对湿度符合设计要求。

1.3.4　室内气流组织、温度和相对湿度的测试与调整

此类测试与调整应在系统风量，送风状态参数已调整到符合设计要求，室内热、湿负荷及室外气象条件也接近设计工况的条件下进行。

（1）气流组织的测试

气流组织测试与调整的目的就是合理地布置送风口和回风口，使送入房间内，经过处理的冷风或热风到达工作区域后，能造成比较稳定而又均匀的温度、湿度、气流速度的分布，以满足生产工艺和人体舒适的要求。

气流组织的测定主要包含气流流型的测定和气流速度分布的测定。对于恒温恒湿的空调房间，要求气流在房间内充分混合、衰减，形成贴附气流，以尽量缩小工作区的温度、湿度差；对于空气洁净房间，则要求气流在房间内尽量减少混合、衰减，形成直流气流，以减少过滤处理后的干净空气受到污染的可能。

1）气流流型的测定　气流流型现场的测试有以下两种方法：

A. 烟雾法：它是将棉花球蘸上发烟剂（四氯化钛或四氯化锡等）放在送风口处，记录下烟雾随气流在室内流动的方向和范围，即可了解气流的流型情况。对于不易看清流动情况的区域，可将蘸有发烟剂的棉球绑在测杆上，放在需要测定的部位上来测试。这种测试方法虽然比较快，但准确性较差，且发烟剂有腐蚀性，在已投产或安装好工艺设备的房间不能使用，只在粗测时采用。

B. 逐点描绘法：它是将很细的，肉眼能看见的纤维丝或点燃的香绑在测杆上，放在事先布置好的测定断面点上，观察其流动方向，并逐点描绘出气流的流型。此法比较接近实际，现场测试广为采用。

图 3-8 所示的为纵断面气流流型图。从图中可知整个气流流型可分为射流核心区、射流边界层、回旋涡流区、回流区和死区等。

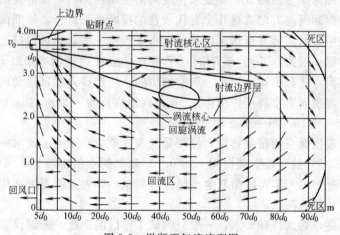

图 3-8　纵断面气流流型图

2）气流速度分布的测定　气流速度分布的测定工作一般是紧接在气流流型测定之后进行，在射流区和回流区的测点布置与前者相同。测定的方法是：

在测杆头部绑上一个热球风速仪的测头和一条纤维丝，在风口直径倍数的不同断面上从上至下逐点进行测量。通过风速仪测出气流速度的大小，通过纤维丝飘动的方向确定气流的方向，并将测定的结果用面积图描述在图 3-9 所示的纵断面上。

3）气流流型和速度分布的调节　气流流型和速度分布可以通过送风口的射流扩张角及风速来加以调节。如对于没有衰减好的气流，可用加大射流扩张角，减小风口出口风速来加以调节；如发现气流中途下落达不到末端时，可增大风口出口风速来解决。

若现场条件调节仍不能达到所需的气流流型和速度分布要求，则应会同施工、使用、

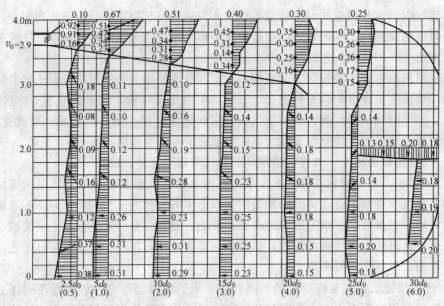

图 3-9　侧送风口气流流型和速度分布图

设计单位，通过重新布置送、回风口等来解决。

（2）室内温度、相对湿度的测试与调整

室内温度、相对湿度的测试，在要求精度高的空调房间内，需沿房间的宽度方向选择几个纵断面，沿房间高度方向选择几个有代表性的横断面来进行。纵断面（立面）一般选择在送风口射流中心断面，靠近送风口的测点布置得密一些，离送风口远一点的就布置得疏一些。测点间隔一般为 0.5m；横断面（平面）一般在离地面 2m 以下选择几个断面，按等面积法均匀布点进行测试。对于一般空调房间，应选择人经常活动的范围或工作面为工作区；恒温恒湿房间通常离围护结构 0.5m，离地面 0.5～1.5m 区域为工作区。在工作区内布点测试，一般 $1m^2$ 布一个点即可。

温度测试仪表根据空调精度选定，原则是仪表误差应小于室温要求的精度。例如室温要求的精度为 ±0.5℃ 的一般空调房间，用 0.1℃ 刻度的水银温度计即可；如果需要了解昼夜室温变化情况，可用 DWJ_1 型双金属温度计测试；如果只看温度变化规律，可用经校正的半导体温度计快速测试。

室内相对湿度，如无特殊要求，一般只测试工作区的湿度，测试仪表用通风干湿球温度计；如要连续记录，可用 DHJ_1 型自记录毛发湿度计；若需多点快速测量，可用经校正过的热电阻湿球温度计测试。

温度和湿度测试后，应按点绘出其数值，以供分析调整用。如果工作区温度、湿度不均匀，相差太小，可通过增加送风量，改变送风口的送风形式和调整各回风口的回风量来解决。若是个别房间内温度、湿度过高或过低，往往可能是其送风量未调整好；如果是整个系统各房间的温、湿度都偏高或偏低，则一般是总送风的温度、湿度和送风量未达到要求。

课题 2　空调系统的运行调节

空调系统的设计与设备选择都是按照冬、夏室外空气计算参数和室内最大热、湿负荷

116

进行，是空调系统的最不利工况。而空调系统正常运行时，由于季节的变化、日照的变化等，室外空气状态始终是在不断地变化着，室内热、湿负荷也会随着生产过程的进行、人们活动状况的不同时刻在变化着。因此，按着实际运行工况对空调系统进行调节，使其适应室内、外空气状态变化的需要，更好地满足用户的要求，同时保证空调系统的经济运行是十分必要的。本节将介绍工程上常用的露点控制法进行的运行调节。

2.1 室外空气状态变化时的定露点运行调节

室外空气状态的变化可以引起送风状态的变化和建筑围护结构传热量的变化。这两种变化均会影响空调房间内的空气状态。定露点运行调节是在假定室内负荷不变和空调房间空气参数要求全年不变的前提下，室外空气状态变化时的运行调节方法。

由于室内热、湿负荷不变和房间空气参数要求不变，因此无论室外空气状态怎样变化，只要能保证空调房间要求的送风状态和送风量不变就能保证室内空气的状态。那么，随着室外新风状态的变化，怎样对空调系统进行调节，使其保持不变的送风状态呢？定露点运行调节就是通过控制预热器（或表面冷却器）和喷水室后的露点状态来控制送风状态的。因为露点一定，其空气的含湿量就确定，且在后面的空气温度变化处理过程中，直到送风状态湿度都不会发生变化，从而保证了送风的湿度和温度。以一次回风空调系统为例，具体调节情况如下。

2.1.1 在寒冷的冬季，最小新、回风比混合的空气温度小于等于控制的露点温度时

此时，室外空气温度低、湿度小，应以最小的符合卫生要求的新回风比经预热器加热（称一次加热），温度控制在由要求的送风湿度所确定的露点温度上，然后经喷水室加湿到露点，再经加热器加热（称再加热或二次加热）至要求的送风温度为止。

在这个阶段中，随着室外空气的改变（如温度上升），只要调节预热器的加热量（新风温度上升就减少加热量）即能控制露点不变。预热器的预热量调节的方法是调节进入预热器的热媒流量，即通过图3-10（a）所示的热媒（如热水）管道上的阀门开启度来实现。也可以采用控制经过预热器加热的风量大小，通过如图3-10（b）中旁通阀的开启度来调节加热量。如果新风温度升高，旁通阀就开大。上述两种方法，前者常用于热媒为热水时的调节，后者则多用于热媒为蒸汽时的调节。当然，两种方法同时配合使用会得到更好的调节效果。

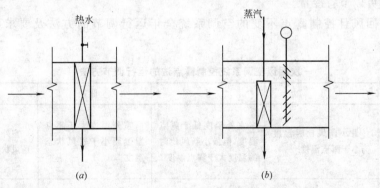

图 3-10 预热器调节方法

(a) 热媒为热水时的调节；(b) 热媒为蒸汽时的调节

2.1.2 初春或冬末阶段，室外空气温度变暖，最小新回风比后的空气温度大于控制的露点温度，而全新风温度（即室外空气温度）又低于露点温度时

在此采暖阶段应采用增加新风量，减少回风量（即提高新回风比），使混合后的空气温度正好等于露点温度，然后经喷水室加湿到露点，再经加热器加热至要求的送风温度即可。

这一阶段空气不需预热，只要调节新、回风混合比就可以使空气达到露点温度。新、回风比的调节方法是调节新回风口处安装的联动多叶调节阀，如图 3-11 所示来实现的。这种阀门可以联动，可同时按比例使一个风口开大，另一个风口关小。

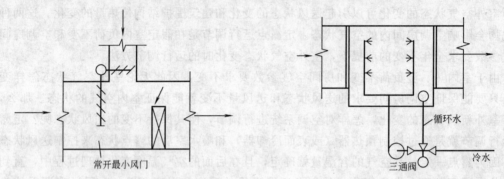

图 3-11　联动多叶调节阀调节新回风量　　　　图 3-12　冷水量与循环水量调节

2.1.3 入夏季节，室外空气温度大于等于控制的露点温度，而小于送风状态温度时

此阶段应关闭回风，全部使用新风，然后采用改变喷水温度（冷水喷淋）的方法，通过冷却减湿使空气达到露点温度，然后再通过加热器使其加热到要求的送风温度。

这一阶段的调节方法是根据室外空气温度的高低，通过调节图 3-12 所示的三通阀，改变冷水量和循环水量，即通过对喷水温度的调节（空气温度高时，则降低喷水温度）将空气处理到控制的露点状态。

2.1.4 盛夏季节，当室外空气温度大于等于送风温度时

此阶段室外空气温度很高，湿度也很大，应采用最小的，符合卫生要求的新回风比，然后采用冷水喷淋的方法冷却、除湿，使空气降至露点温度，再通过加热器使其加热到要求的送风温度。

此阶段冷水喷淋的温度根据室外空气温度来调节，调节方法同图 3-12。由于阶段中利用了回风，可以节省冷量。

上述一次回风且控制露点不变的空调系统全年运行调节的方法及要求可归纳为表3-5。

一次回风空调系统控制露点法的运行调节方法　　　　　　　　表 3-5

调节阶段	I	II	III	IV
室外温度变化情况	最小新风比时温度仍小于露点温度	室外温度低于露点温度，但最小新风比时的温度大于露点温度	室外温度大于露点温度而小于送风状态温度	室外温度大于等于送风状态温度
新回风比	按卫生要求的新风混合比	新风增大回风减小	全新风	按卫生要求的新风混合比

调节阶段	I	II	III	IV
预热器工况	加热量渐减	全关闭	全关闭	全关闭
喷水室工况	喷循环水	喷循环水	喷冷水（冷却减湿）	喷冷水（冷却减湿）
房间相对湿度控制	一次加热	新回风比例	喷水温度	喷水温度
房间温度控制	二次加热	二次加热	二次加热	二次加热
调节方法	调节热媒控制阀或用旁通阀调节加热风量	调节联动多叶阀改变新回风比例	用三通阀调节冷水和循环水混合比	用三通阀调节冷水和循环水混合比

2.2 室内热湿负荷变化时的定露点运行调节

2.2.1 室内余热量变化、余湿量不变的调节

在室内热湿负荷的变化过程中，常会遇到余热量变化，而余湿量不变的情况。若保持空调系统送风量不变，又因为室内余湿量不变，因此不管送风状态点随热负荷怎样改变，在控制露点的情况下，改变再加热量，控制温度就能得到需要的送风状态。

调节再加热量，是通过调节再加热器或调节通向各房间送风支管上的加热器的加热量来实现的；也可以通过控制再加热器的旁通风量来达到改变送风状态的目的。

2.2.2 室内余热、余湿量都变化的调节

室内余热量和余湿量同时发生变化时，不仅要改变再加热量，而且还要改变露点才能得到所需的送风温度和送风湿度，但这样的调节是很复杂的。对于这样的情况，工程上可用如下的简化调节方法：

1）当室内热、湿负荷变化不大，空调精度要求不高，如果按原来的送风参数送风，仍能使室内空气参数不超过允许的波动范围时，则空调系统可按原工况运行，保持送风状态不变。

2）室内热、湿负荷变化较大，房间空调精度要求较高，室内空气温、湿度允许波动范围较小时，按上述保持送风状态不变的方法送风，将满足不了空调的精度要求。但若将经预热喷水室处理到露点的空气，控制其再热量（即二次加热量，若送风空气在室内状态变化的热湿比大于设计工况时，采用减少二次加热量；而送风空气变化的热湿比小于设计工况时，则采用增加二次加热量），则可以调节到室内空气状态在允许的波动范围内。

3）室内余热不变，余湿量变化时的调节。由于余湿量变化，要保持室内状态不变，就应改变送风处理过程中的露点和再热量。如余湿量增加，需降低空气处理的露点，增加再热量；反之，余湿量减小，应提高空气处理的露点，减少再热量。但是，如果室内状态允许波动的范围较大时，也可以通过只改变再热量的调节方法来达到调节的目的。若室内余湿量增加，可适当增加空气处理的再热量，而室内余湿量减少，可适当减少空气处理的再热量。

2.3 变露点的运行调节

定露点运行调节具有操作简单，容易控制，在空调房间相对湿度允许偏差较大或室内

湿负荷变化较小时，完全可以达到空调的要求。但是在湿负荷变化较大，恒湿精度要求又较高的空调房间，定露点调节方法则很难保证空调的精度要求，这时就应采用变露点的运行调节方法。下面仍以一次回风空调系统为例，进行变露点运行调节的分析。

2.3.1 改变预热量的变露点调节

这种变露点调节的露点温度是根据室内空气余湿情况要求的送风湿度来计算确定，并通过预热器的预热量来控制保证的。这种调节，无论新风状态是否改变，较适用于寒冬和盛夏最小新风比（或新风比不变）的阶段，如表 3.5 第 I、IV 调节阶段，这种运行较经济合理。

2.3.2 改变喷水室喷水温度的变露点调节

这种变露点调节是根据调节工况，用不同温度的水喷淋混合后达到室内要求的新露点送风。它多用于表 3-5 中的第 III 调节阶段。

通过分析可知，定露点运行调节和变露点运行调节使用的方法都是通过露点来控制空气处理过程的，只不过前者保持空气处理的露点不变，适用于室外空气状态变化，而室内空气参数要求不变，或热湿负荷不变或变化较小的情况；后者则是无论室外空气状态如何变化，根据室外热、湿负荷情况，需在调节过程中改变露点的调节。

2.4 无露点的运行调节

露点控制调节法虽然控制简单，性能可靠，应用广泛，但由于全年各地区经常出现须把空气先冷却到露点，然后再加热的现象，造成冷、热量的相互抵消而浪费能量，所以它不是最经济的运行调节法。无露点控制调节法则是一种把空气直接处理到要求的送风状态的节能调节方法。

无露点控制调节法调节的思路是将当地可能出现的室外空气变化范围分成若干区段，每一个区段都有与之相对应的节能运行工况（这种节能运行工况称为空调多工况节能控制系统），它可以根据室内、外参数的变化，有关执行机构（如各种空气处理设备加热、冷却、加湿或除湿能力）的状态等信息的综合逻辑判断，选择合理的空气处理方式，并通过计算机程序控制，自动地从一种工况转换到另一种工况。每个工况的最佳处理考虑了以下原则：

1）条件许可时，不同季节尽量采用不同的室内设定参数，以及充分利用室内被调参数的允许波动范围以推迟用冷（或用热）的时间；

2）尽量避免冷热量抵消的现象。例如采用无露点控制代替常用的露点控制法；充分利用回风或空调箱旁通风来调节处理后的空气等；

3）在冬、夏季，应充分利用室内回风，保持最小新风量，以节省热量或冷量的消耗；

4）在过渡季，应加大新风量以充分利用室外空气的自然调节能力，并尽量设法推迟使用制冷机的时间。

课题 3 通风与空调系统调试常见问题的分析及其解决方法

在空调系统的测定与调试中，可能会出现送风量，送风状态参数，室内空气状态参数不符合设计要求的多种问题，弄清这些问题产生的原因及解决方法，不仅有助于系统的调试工作，也有利于系统的运行管理与维护。

3.1 送风量不符合设计要求

3.1.1 系统送风量大于设计风量

1) 主要原因有：系统实际阻力小于设计计算值，通风机在低于选用风压的情况下运行，使送风量偏大；通风机选择得不合适。

2) 解决方法：如果系统实际送风量稍大于设计风量，在室内气流组织和噪声等允许的条件下，可不必调节；如果系统实际送风量比设计风量大得多，则可以通过降低风机的转数或改变风机出口风阀的开度来解决。但后一种调整方法实际上是一种节流调整，对节约能量并不有利，且在过量的节流后会引起噪声增加，甚至使风机工作在不稳定的工作区。

3.1.2 系统送风量小于设计风量

1) 主要原因有：送风系统漏风率过大；系统实际阻力大于设计阻力；皮带传动的送风机，皮带松弛和打滑造成风机转数下降；风机相线接错，造成风机倒转；所选风机风量不够；所选风机性能低劣，风机叶片叶轮与管壳间的径向、轴向间隙超过规定的要求（大于叶轮直径的1%），使风量大幅度下降。

2) 相应的解决方法：进行系统的检漏和堵漏，特别注意管道的法兰连接处和空气处理室及风管人孔、检查孔的严密性；检查部件阻力，看设备是否被施工遗留物堵塞，过滤器积尘是否超过额定值。如果是风管阻力偏大，则应放大风管的断面或在管件中（如弯头、三通）增设导流片；皮带过松应调紧皮带；风机倒转应调换任意两相线的接线，使风机正转；风机送风量不足可考虑增加风机的转数来解决（转数提高后应检查电动机是否超载），必要时可更换风机。风机的转数（n）与风量（L）、风压（H）及电动机功率（N）之间的关系为：

$$L_1 : L_2 = n_1 : n_2 \tag{3-14}$$

$$H_1 : H_2 = (n_1 : n_2)^2 \tag{3-15}$$

$$N_1 : N_2 = (n_1 : n_2)^2 \tag{3-16}$$

3.2 送风状态参数不符合设计要求

送风状态参数达不到设计要求，主要是空气处理过程没有达到设计要求，一般有下述几种情况。

3.2.1 空气处理设备的最大容量未达到计算的容量

1) 主要原因有：设计计算有误；设备性能不良；冷、热流热媒的参数及流量不符合设计规定。

2) 相应的解决方法：容量过大可以通过冷、热媒参数及流量的调节来满足使用要求，虽然这使得设备本身有些浪费，但给设备的处理能力留有一定的储备，以便系统调节，扩大服务范围；容量过小，如果产生根源是结构本身，应更换或增添处理设备；如果是冷热媒的流量不足，可能是由于管道阻力过大，通路堵塞（如喷水室喷嘴堵塞造成喷水量减少），水泵扬程下降等引起，应采取相应措施来恢复冷、热媒的流量，如果是冷热媒的热力参数问题，则应检查冷热源的容量是否满足要求，管道保温是否有不良之处。

3.2.2 挡水板过水量过大

挡水板过水量过大会使送风状态含湿量偏高。

1) 主要原因可能是：挡水板加工及安装质量不良，如挡水板间距太大，板数不够，挡水板与边框有较大的间隙，挡水板下部未插入水面等；空气通过挡水板时的速度过大造成大量带水所致；滴水盘安装质量不好。

2) 相应解决问题的方法是：改善挡水板或滴水盘的安装质量；适当控制风速，使迎面质量流速 $v \cdot \rho \leqslant 3 kg/(m^2 \cdot s)$（$v$——空气流速，m/s；$\rho$——空气密度，$kg/m^3$）。

3.2.3 风机和风管温升（或温降）值偏高，造成送风温度偏高（或偏低）

1) 问题原因：主要是由于风机风压偏高；风管保温质量不好。

2) 解决方法：采取措施降低系统阻力；做好风管的保温。

3.2.4 处于负压下的空气处理室和回风系统漏风

1) 它使未经处理的空气进入了送风系统，与经过处理的空气混合改变了送风状态参数。如夏季喷水室后检查门关闭不严，吸入了机房中较热的空气，使露点不能满足设计要求，从而使送风状态参数偏离正常值。

2) 解决措施：应检查并堵塞漏洞，加强管理，防止漏风。

3.3 房间空气状态参数不符合设计要求

1) 当送风量和送风状态参数符合设计要求，而房间空气状态参数不符合设计要求时，其原因可能是：室内实际热、湿负荷与设计值有较大出入；风口气流分布不合理，造成工作区流速过大或不均匀。

2) 解决方法：在重新实测核算房间热、湿负荷的基础上（通过房间进、出风量和焓差测定进行核算），若房间实测的热、湿负荷小于设计计算值，说明系统设计偏于安全，可通过系统调节来满足设计要求；如果房间实测的热湿负荷大于设计计算值，可从下述三个方面采取措施解决：

A. 在空气处理设备和风机有余量的情况下，适当调整送风状态参数，增加送风量来满足设计要求；

B. 采取措施减少围护结构传入的热、湿负荷和房间内产生的热、湿负荷。如在围护结构上增加保温层，玻璃窗加遮阳板，散热的工艺设备加局部排气罩或加冷却装置等；

C. 采取上述措施仍不能奏效时，可修改空调系统设计，提高设备的处理能力。

在采取后两种措施时，要因地制宜，并进行必要的技术经济比较。

3.4 室内空气品质不良和气流速度超过允许值

1) 室内空气品质不良主要原因是新风量不足，室内正压未保证，室外污染空气进入室内；系统过滤器安装质量不佳，未检漏，系统未清洗；也可能是对某些房间产生的有害物估计不足等。

室内气流速度超过允许值，可能是送风口速度过大，送风气流直接吹入工作区所致。

2) 对于改善室内空气品质的相应措施有：增加新风量，保证室内正压；进行过滤器检漏，保证其过滤的效率；对房间产生严重有害物的设备进行局部处理，减少其对房间的污染。

对于气流速度过大的解决措施有：增加送风口的面积，改变送风口形式或调整风口出流方向以改变房间气流组织；通过增大送风温差来减少送风量。

3.5 室内噪声超过允许标准

1）室内噪声超过允许标准的原因有：风口部件松动，风口风速过高；消声器消声能力低，未达到预期效果；消声器设置位置不当，或经消声器后的风道未正确隔离噪声源等。

2）相应的解决方法是：紧固松动部件，适当减小风口的风速，检测消声器的消声能力，质量低劣的应更换；检查消声器的设置位置，并采取管外隔离措施来减少机房噪声和其他噪声源通过风管的传递。

空调系统在现场的调试与管理中碰到的问题是多种多样的，这里不可能全部述及。我们应深入实际调查研究，对具体问题作具体分析，找出产生问题的原因，对症下药，提出合理的解决方法。

课题 4   通风与空调系统竣工验收、工程回访与保修

4.1   通风与空调系统竣工验收

工程的竣工验收是检验设计和工程质量的重要环节，是建筑安装工程最后的一个阶段。通风与空调工程的竣工验收是在工程质量得到有效监控前提下，施工单位通过整个分部工程的无生产负荷系统联合试运转与调试及观感质量的检查，按照《通风与空调工程施工质量验收规范》（GB 50243—2002）将质量合格的分部工程移交给建设单位的验收过程。工程竣工验收前，施工单位应做好预验工作，并做好竣工资料的整理和收集等各项准备工作。

4.1.1   竣工验收的条件

竣工验收前施工单位必须组织力量对各项分部工程做外观检查，单机试运转及试调整、系统联合试运转测试调整初验合格；同时对设计变更、施工检查记录、分项分段验收记录、材料配件设备性能测试报告、说明书、合格证等文字资料整理齐全，验收条件具备后，才提请建设单位组织验收。

4.1.2   竣工验收的依据和参加的人员单位

竣工验收的依据有：上级主管部门批准的计划任务书及有关文件，建设单位与施工单位签订的工程合同，施工图纸和有关设计及设备说明书，现行的施工验收规范及质量检验评定标准，国外引进工程所签订的合同和所提供的设计等文件。

通风与空调工程的竣工验收，应由建设单位负责，组织施工、设计、监理等单位共同进行，合格后即应办理竣工验收手续。

4.1.3   竣工验收的步骤和程序

竣工验收一般分两大步骤进行：一是由施工单位先行竣工自验（或竣工预验），二是正式验收，即由建设单位组织监理单位、施工单位、设计单位共同验收。竣工验收通常按如下程序和内容进行：

（1）验收前的准备工作

1）对交工的工程项目做全面检查。对交工的工程项目，应根据施工图纸，变更或修改设计资料，逐项进行检查，特别是通风空调系统中的"三不管"部位，如冷热源管道、电气及自控等，要详细检查。对检查出的未完、漏项和隐患项目列出清单，提出解决问题的方案、措施、时间与人员，并督促完成。

2）提出设备试运转和系统无负荷联合运转试验调整的方案，并做好系统的吹污、试压等工作，为试运调整做好准备。

3）准备好竣工验收的资料。竣工验收时，施工单位应提供下列文件资料：

A. 设计文件和设计变更的证明文件，有关协议书，竣工图；

B. 开、竣工报告，土建隐蔽工程系统、管线隐蔽工程系统的封闭记录，设备开箱检查记录，管道压力测试记录，管道系统吹洗记录，风道漏风检查记录，中间单和竣工验收单；

C. 分项、分部工程质量检验评定资料；

D. 主要材料、设备、成品、半成品和仪表出厂合格证明或检验资料；

E. 通风机的风量及转速检测记录，系统风量的测定和平衡记录，室内静压的检测、调整记录，室内温湿度、风速、流线等参数的检测、调节记录，制冷设备及系统的测试调整记录，水泵冷却塔等单机运转和测试调整记录；

F. 亚高效过滤器的检漏报告，室内含尘计数浓度和浮游菌浓度的检测报告；

G. 系统无负荷联合运转试验调整报告和自动调节系统联动运行报告；

H. 安全和功能检验资料的核查记录；

I. 观感质量综合检查记录；

J. 工程竣工验收证明书等。

4）施工单位及时向建设单位发出竣工报告，并约定检查、验收日期。

（2）竣工检验

根据规定，建设单位接到施工单位的竣工报告后，应在15天内，正式竣工验收日之前10天，向施工单位发出《竣工验收通知书》，并组织邀请工程设计、监理等有关单位，与施工单位共同对竣工工程进行全面的检查和鉴定。

通风与空调工程的竣工验收可归纳为以下四个方面的内容：

1）观感质量的验收，有如下项目：

A. 各种支吊架的位置、管道、通风与空调设备的安装应正确、牢固、严密，其偏差应符合有关规定，规格型号应符合设计要求；

B. 风管表面应平整，无损坏；接管合理，风管的连接以及风管与设备或调节装置的连接，无明显缺陷；

C. 各类调节装置，防火及排烟阀等应严密、调节灵活、操作方便；

D. 亚高效、中效过滤器与风道的连接及风道与设备的连接应有可靠的密封；

E. 净化空调器、静压箱、风道系统及送风口无灰尘；

F. 送、回风口及各类末端装置、各类管道、照明及动力配线以及工艺设备等穿越空调房间时，穿越处的密封处理应严密、可靠；

G. 空调房间各类配电盘、柜和进入空调房间的电气管线管口应有可靠的密封；

H. 各种刷涂保温工程应符合规定，如风管、部件、管道及支架的油漆应附着牢固，漆膜厚度均匀，油漆颜色与标志符合设计的要求；绝热层的材料、厚度应符合设计要求，表面平整、无断裂和脱落，室外防潮层或保护壳应顺水搭接，无渗漏。

2）单机试运转及系统试运转的验收：

A. 有试运转要求的设备，如风机、空调机组、空调自动调节控制装置，自动防火排烟装置等的单机试运转应符合设备技术文件或《机械设备安装工程施工及验收通用规范》（GB 50300—2001）的有关规定要求；

B. 无负荷联合运转试验调整，如风管系统、制冷与供热系统、电气控制系统及自动调节系统在联合运转试验调整后，它们之间的动作必须协调、正确，无异常现象，使空气的各项参数在无负荷情况下，维持在设计给定的范围内；

C. 单机试运转合格后，必须进行带冷（热）负荷系统联合试运转，其正常协调工作的时间不少于 8h。

3）竣工验收的检测　竣工验收的检测结果应符合要求。检测的项目有：通风机的风量和转速的检测；系统风量的测定和平衡；室内静压的检测调整；亚高效过滤器的检漏；室内含尘计数浓度和浮游菌浓度的检测；依设计要求测定的项目。

4）施工文件的验收

施工文件指竣工验收时，施工单位提供的竣工验收资料。

在建设单位验收完毕并确认工程符合竣工标准和总承包合同条款要求后，应向施工单位发放所有验收单位签过字的《竣工验收证明书》。

如果由于施工质量不符合要求，应对返工或修补的部位、数量、处理方法及期限进行共同确定，经复验检查合格后，再在竣工验收证明书上签字。

已完工的通风空调设备，在建设单位验收前，施工单位应认真负责保管。未办理竣工验收手续的，建设单位不得使用。

（3）工程交接

施工单位获得《竣工验收证明书》，可及时办理工程档案资料移交手续，并逐步办理工程移交手续和其他固定资产移交手续，签订交接验收证书，办理工程结算手续，进入工程保修工作。

为了办理工程竣工结算，给建设单位做好工程的维护管理、合理的使用和今后工程的改建、扩建提供依据，施工单位应向建设单位提交下列技术资料：

1）竣工工程项目一览表；

2）开、竣工报告；

3）设计修改的证明文件和竣工图；

4）主要材料、设备、成品、半成品和仪表出厂合格证明或检验资料；

5）隐蔽工程验收单；

6）分项、分部工程质量检验评定资料；

7）系统无负荷联合运转试验调整报告；

8）工程竣工验收证明书等。

4.2　工程回访

工程竣工验收交付使用后，施工安装企业要以保证工程质量的信誉和让建设单位或用户满意的态度，在规定的期限内及时地进行工程质量与使用情况的回访，负责对工程中确由施工造成的无法使用或达不到生产能力的部分进行修理，保证工程的正常运转。

4.2.1 工程回访的内容

1）了解通风与空调系统工程使用的情况，特别是有无工程质量异常情况；

2）听取各方面对工程质量和服务的意见；

3）了解所采用的新技术、新材料、新工艺或新设备的使用效果；

4）向建设单位提出保修期后的维护和使用等方面的建议和注意事项；

5）处理遗留问题，巩固良好的协作关系。

4.2.2 工程回访的方式

（1）季节性回访

主要是通风空调系统工程的换季回访及冬季、夏季的回访，以了解和发现设备在冬、夏季运行中和在换季使用过程中出现的问题，并采取有效措施及时加以解决。

（2）技术性回访

技术性回访既可定期，也可不定期地进行。其主要目的：一方面是了解在工程中所采用的新技术、新材料、新工艺或新设备等的技术性能和使用后的效果，以发现问题及时给予解决；另一方面可以总结经验，获取科学依据，不断完善新技术、新材料、新工艺或新设备的使用。

（3）保修期满前的回访

一般是在保修即将期满前进行回访。

（4）其他回访方式

还可以采用邮件、电话、传真或电子信箱等信息传递方式，建设单位组织座谈会或意见听取会和现场设备运行情况查看等形式进行工程的回访。

4.2.3 工程回访的参加人员与要求

工程回访参加人员由项目负责人，技术、质量、经营等有关方面人员组成。

工程回访的要求是：

1）回访过程必须认真实施，做好回访记录，必要时写出回访纪要。

2）回访中发现的施工质量缺陷，如在保修期内要采取措施，迅速处理；对超过保修期的问题应协商解决。

4.2.4 用户投诉的处理

1）对用户的投诉应迅速、友好地进行解释和答复。

2）对投诉有误的，也要耐心作出说明，切忌态度简单生硬。

4.3 工 程 保 修

工程保修体现了工程项目承包方对工程项目负责到底的信誉，体现了施工企业为用户服务，对用户负责的宗旨。施工单位在工程项目交付使用后，应履行合同中约定的有关保修的义务。

4.3.1 保修的责任范围

1）质量问题确实是由于施工单位责任或施工质量不良造成的，施工单位负责修理并承担修理费用；

2）质量问题是由于双方的责任造成的，应协商解决，商定各自的经济责任，由施工单位负责修理；

3）质量问题是由于建设单位提供的设备、材料等质量不良造成的，应由建设单位承担修理费用，施工单位协助修理；

4）质量问题的发生是因建设单位或用户的责任，修理费用由建设单位或用户承担；

5）涉外工程的修理按合同规定执行，经济责任按以上原则处理。

4.3.2 保修时间

通风空调系统工程的保修时间自竣工验收完毕之日的第 2 天计算，保修期一般为 2 年，或 2 个供暖、供冷期，或按合同约定的时间。

4.3.3 保修工作程序

(1) 发送保修证书

在工程竣工验收的同时，由施工单位向建设单位发送机电安装工程保修证书。保修证书的内容主要包括：工程简况，设备使用管理要求，保修范围和内容，保修期限，保修情况记录表，保修说明，保修单位名称、地址、电话、联系人等。

(2) 受理工程的保修要求

当建设单位或用户在使用过程中，发现使用功能不良等问题，要求（书面的或口头的）施工单位保修部门派人检查修理时，施工保修部门应及时给予回答，尽快地派人前往检查，并会同建设单位作出鉴定，提出修理方案，然后尽快组织人力、物力进行修理。

(3) 修理验收

在发生问题的部位或项目修理完毕后，应在保修证书的"保修记录"栏内做好记录，请建设单位或用户验收签字，以表示修理工作的完成。

(4) 保修投诉的处理

对用户保修的投诉，应迅速及时地研究处理，切勿拖延；要对投诉进行认真调查分析，在尊重事实的基础上，作出适当的处理；要对各项投诉都应给予热情、友好的解释和答复，即使投诉内容有误，也应耐心作出说明，切忌态度简单生硬。

复习思考题

1. 简述通风空调系统调试运行的目的、内容及准备工作。

2. 空调系统的单机试运转主要有哪些内容？并简述风机试运转的内容。

3. 简述空调机组试运转与测定的内容。

4. 通风空调系统的风量平衡调整是按什么基本原理进行的？

5. 等比分配法和基准风口风量调整法各有何调整特点？

6. 空调房间的正压调整一般是靠什么调节来实现？房间正压调整有何规定？

7. 送风温度和相对湿度是如何调整的？

8. 气流流型现场的测试有哪两种方法？各有何测试特点？

9. 试简述定露点运行调节的道理。它与变露点的运行调节相比有何优、缺点？

10. 定露点的运行调节，把室外空气状态变化分为哪四个调节阶段区？

11. 工程上可用怎样的简化方法进行室内余热、余湿量变化的定露点运行调节？

12. 空调系统送风量偏小有哪些原因引起？应如何解决？

13. 送风状态参数不符合设计要求，一般有哪几种情况引起？

14. 送风量和送风状态参数符合设计要求，房间空气状态参数不符合设计要求时，可能的原因有哪些？相应如何解决？

15. 简述通风空调系统竣工验收的条件、依据和参加的人员单位。

16. 简述通风空调系统竣工验收的步骤与过程。

17. 通风与空调工程的竣工验收可归纳为哪四个方面的内容？

18. 工程交接应向建设单位提交哪些技术资料？

19. 工程回访有哪些主要内容和方式？

20. 简述保修的责任范围、时间和工作程序。

附　　录

热轧钢板的尺寸（GB 709—88）

宽度(mm) / 最小及最大长度(mm)

厚度(mm)	600	650	700	710	750	800	850	900	950	1000	1100	1250	1400	1420	1500	1600	1700
0.50、0.55、0.60	1200	1400	1420	1420	1500	1500	1700	1800	1900	2000	—						
0.65、0.70、0.75	2000	2000	1420	1420	1500	1500	1700	1800	1900	2000							
0.80、0.90	2000	2000	1420	1420	1500	1500	1700	1800	1900	2000	—	—	—	—	—	—	—
1.0	2000	2000	1420	1420	1500	1600	1700	1800	1900	2000	—	—	—	—	—	—	—
1.2、1.3、1.4	2000	2000	2000	2000	2000	2000	2000	2000	2000	2000	2000	2500 / 3000	—	—	—	—	—
1.5、1.6、1.8	2000	2000	2000 / 6000	2000 / 6000	2000 / 6000	2000 / 6000	2000 / 6000	2000 / 6000	2000 / 6000	2000 / 6000	2000 / 6000	2000 / 6000	2000 / 6000	2000 / 6000	2000 / 6000	—	—
2.0、2.2	2000	2000	2000 / 6000	2000 / 6000	2000 / 6000	2000 / 6000	2000 / 6000	2000 / 6000	2000 / 6000	2000 / 6000	2000 / 6000	2000 / 6000	2000 / 6000	2000 / 6000	2000 / 6000	2000 / 6000	2000 / 6000
2.5、2.8	2000	2000	2000 / 6000	2000 / 6000	2000 / 6000	2000 / 6000	2000 / 6000	2000 / 6000	2000 / 6000	2000 / 6000	2000 / 6000	2000 / 6000	2000 / 6000	2000 / 6000	2000 / 6000	2000 / 6000	2000 / 6000
3.0、3.2、3.5、3.8、3.9	2000	2000	2000 / 6000	2000 / 6000	2000 / 6000	2000 / 6000	2000 / 6000	2000 / 6000	2000 / 6000	2000 / 6000	2000 / 6000	2000 / 6000	2000 / 6000	2000 / 6000	2000 / 6000	2000 / 6000	2000 / 6000
4.0、4.5、5	—	—	2000 / 6000	2000 / 6000	2000 / 6000	2000 / 6000	2000 / 6000	2000 / 6000	2000 / 6000	2000 / 6000	2000 / 6000	2000 / 6000	2000 / 6000	2000 / 6000	2000 / 6000	2000 / 6000	2000 / 6000
6、7	—	—	2000 / 6000	2000 / 6000	2000 / 6000	2000 / 6000	2000 / 6000	2000 / 6000	2000 / 6000	2000 / 6000	2000 / 6000	2000 / 6000	2000 / 6000	2000 / 6000	2000 / 6000	2000 / 6000	2000 / 6000
8、9、10	—	—	2000 / 6000	2000 / 6000	2000 / 6000	2000 / 6000	2000 / 6000	2000 / 6000	2000 / 6000	2000 / 6000	2000 / 6000	2000 / 6000	2000 / 6000	2000 / 6000	3000 / 12000	3000 / 12000	3000 / 12000

冷轧薄钢板（GB 708—88）

宽度(mm) / 长度(mm)

厚度(mm)	500	600	710	750	800	850	900	950	1000	1100	1250	1400	1500
0.2、0.25、0.3、0.4	—	1200	1420	1500	1500	1500	—	—	—	—	—	—	—
	1000	1800	1800	1800	1800	1800	1500	—	1500	—	—	—	—
	1500	2000	2000	2000	2000	2000	1800	—	2000	—	—	—	—
0.5、0.55、0.6	—	1200	1420	1500	1500	1500	—	—	—	—	—	—	—
	1000	1800	1800	1800	1800	1800	1500	—	1500	—	—	—	—
	1500	2000	2000	2000	2000	2000	1800	—	1800	—	—	—	—
0.7、0.75	—	1200	1420	1500	1500	1500	—	—	—	—	—	—	—
	1000	1800	1800	1800	1800	1800	1500	—	1500	—	—	—	—
	1500	2000	2000	2000	2000	2000	1800	—	2000	—	—	—	—
1.0、1.1、1.2、1.4、1.5、1.6、1.8、2.0	1000	1200	1420	1500	1500	1500	—	—	—	—	—	2800	2800
	1500	1800	1800	1800	1800	1800	1800	—	—	2000	2000	3000	3000
	2000	2000	2000	2000	2000	2000	—	—	2000	2200	2500	3500	3500

镀锌薄钢板的规格尺寸（GB 5066—85）

钢板厚度(mm)	0.35、0.40、0.45、0.50、0.55、0.60、0.65、0.70、0.75、0.80、0.90、1.0、1.1、1.2、1.3、1.4、1.5											
钢板宽度×长 (mm)	710× 1420	750× 750	750× 1500	750× 1800	800× 800	800× 1200	800× 1600	850× 1700	900× 900	900× 1800	900× 2000	1000× 2000

铝合金板规格（摘自 GB 3618—89）

厚 度 (mm)	板宽和板长(mm)					
	1000×2000	1200×3000	1500×4000	500×2000	600×2000	800×2000
	每张理论质量(kg)					
0.5	2.80	5.04	8.40	1.40	1.68	2.24
0.6	3.36	6.05	10.08	1.63	2.02	2.69
0.8	4.48	8.06	13.44	2.24	2.69	3.58
1.0	5.60	10.08	16.80	2.80	3.36	4.48
1.2	6.72	12.10	20.16	3.36	4.03	5.38
1.5	8.40	15.12	25.20	4.20	5.04	6.72
1.8	10.08	18.14	30.24	5.04	6.05	8.06
2.0	11.20	20.16	33.60	5.60	6.72	8.96

硬聚氯乙烯板的规格

厚度 (mm)	容许误差 (mm)	宽度不小于 (mm)	长度不小于 (mm)	板质量 (kg/块)	厚度 (mm)	容许误差 (mm)	宽度不小于 (mm)	长度不小于 (mm)	板质量 (kg/块)
2.0	±0.30	850 或 800	1700 或 1600	4.4 或 4.0	8.5	±0.85	850 或 800	1700 或 1600	19 或 17
2.5	±0.30	850 或 800	1700 或 1600	5.5 或 5.0	9.0	±0.90	850 或 800	1700 或 1600	20 或 18
3.0	±0.30	850 或 800	1700 或 1600	6.6 或 6.0	9.5	±0.95	850 或 800	1700 或 1600	21 或 19
3.5	±0.35	850 或 800	1700 或 1600	7.7 或 7.0	10	±1.0	850 或 800	1700 或 1600	22 或 20
4.0	±0.40	850 或 800	1700 或 1600	8.8 或 8.0	11	±1.1	850 或 800	1700 或 1600	24 或 22
4.5	±0.45	850 或 800	1700 或 1600	10 或 9	12	±1.2	850 或 800	1700 或 1600	26 或 24
5.0	±0.50	850 或 800	1700 或 1600	11 或 10	13	±1.3	850 或 800	1700 或 1600	29 或 26
5.5	±0.55	850 或 800	1700 或 1600	12 或 11	14	±1.4	850 或 800	1700 或 1600	31 或 28
6.0	±0.60	850 或 800	1700 或 1600	13 或 12	15	±1.5	850 或 800	1700 或 1600	33 或 30
6.5	±0.65	850 或 800	1700 或 1600	14 或 13	16	±1.6	850 或 800	1700 或 1600	35 或 32
7.0	±0.70	850 或 800	1700 或 1600	15.5 或 14	17	±1.7	850 或 800	1700 或 1600	37.5 或 32
7.5	±0.75	850 或 800	1700 或 1600	16.5 或 15	18	±1.8	850 或 800	1700 或 1600	40 或 36
8.0	±0.80	850 或 800	1700 或 1600	17.5 或 16	19	±1.9	850 或 800	1700 或 1600	42 或 38

热轧等边角钢（GB 9787—88）

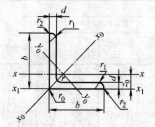

b—边宽度；I—惯性矩；d—边厚度；W—截面系数；
r—内圆弧半径；i—惯性半径；r_1—边端内圆弧半径；Z_0—重心距离

热轧等边角钢的规格及截面特征

附表 2-6

型号	b	d	r	截面面积 (cm^2)	理论质量 (kg/m)	外表面积 (m^2/m)	I_X (cm^4)	i_x (cm)	W_X (cm^3)	I_{X0} (cm^4)	i_{x0} (cm)	W_{X0} (cm^3)	I_{Y0} (cm^4)	i_{Y0} (cm)	W_{Y0} (cm^3)	I_{X1} (cm^4)	Z_0 (cm)
							X-X			X_0-X_0			Y_0-Y_0			X_1-X_1	
2	20	3	3.5	1.132	0.889	0.078	0.40	0.59	0.29	0.63	0.75	0.45	0.17	0.39	0.20	0.81	0.60
		4		1.459	1.145	0.077	0.50	0.58	0.36	0.78	0.73	0.55	0.22	0.38	0.24	1.09	0.64
2.5	25	3	3.5	1.432	1.124	0.098	0.82	0.76	0.46	1.29	0.95	0.73	0.34	0.49	0.33	1.57	0.73
		4		1.859	1.459	0.097	1.03	0.74	0.59	1.62	0.93	0.92	0.43	0.48	0.40	2.11	0.76
3.0	30	3		1.749	1.373	0.117	1.46	0.91	0.68	2.31	1.15	1.09	0.61	0.59	0.51	2.71	0.85
		4		2.276	1.786	0.117	1.84	0.90	0.87	2.92	1.13	1.37	0.77	0.58	0.62	3.63	0.89
3.6	36	3	4.5	2.109	1.656	0.141	2.58	1.11	0.99	4.09	1.39	1.61	1.07	0.71	0.76	4.68	1.00
		4		2.756	2.163	0.141	3.29	1.09	1.28	5.22	1.38	2.05	1.37	0.70	0.93	6.25	1.04
		5		3.382	2.654	0.141	3.95	1.08	1.56	6.24	1.36	2.45	1.65	0.70	1.09	7.84	1.07
4	40	3		2.359	1.852	0.157	3.59	1.23	1.23	5.69	1.55	2.01	1.49	0.79	0.96	6.41	1.09
		4		3.086	2.422	0.157	4.60	1.22	1.60	7.29	1.54	2.58	1.91	0.79	1.19	8.56	1.13
		5		3.791	2.976	0.156	5.53	1.21	1.96	8.76	1.52	3.10	2.30	0.78	1.39	10.74	1.17
4.5	45	3	5	2.659	2.088	0.177	5.17	1.40	1.58	8.20	1.76	2.58	2.14	0.90	1.24	9.12	1.22
		4		3.486	2.736	0.177	6.65	1.38	2.05	10.56	1.74	3.32	2.75	0.89	1.54	12.18	1.26
		5		4.292	3.369	0.176	8.04	1.37	2.51	12.74	1.72	4.00	3.33	0.88	1.81	15.25	1.30
		6		5.076	3.985	0.176	9.33	1.36	2.95	14.76	1.70	4.64	3.89	0.88	2.06	18.36	1.33
5	50	3	5.5	2.971	2.332	0.197	7.18	1.55	1.96	11.37	1.96	3.22	2.98	1.00	1.57	12.50	1.34
		4		3.897	3.059	0.197	9.26	1.54	2.56	14.70	1.94	4.16	3.82	0.99	1.96	16.69	1.38
		5		4.803	3.770	0.196	11.21	1.53	3.13	17.79	1.92	5.03	4.64	0.98	2.31	20.90	1.42
		6		5.688	4.465	0.196	13.05	1.52	3.68	20.68	1.91	5.85	5.42	0.98	2.63	25.14	1.46
5.6	56	3	6	3.343	2.624	0.221	10.19	1.75	2.02	16.14	2.20	4.08	4.24	1.13	2.02	17.56	1.48
		4		4.390	3.446	0.220	13.18	1.73	3.24	20.92	2.18	5.28	5.46	1.11	2.52	23.43	1.53
		5		5.415	4.251	0.220	16.02	1.72	3.97	25.42	2.17	6.42	6.61	1.10	2.98	29.33	1.57
		8		8.367	6.568	0.219	23.63	1.68	6.03	37.37	2.11	9.44	9.89	1.09	4.16	47.24	1.68
6.3	63	4	7	4.978	3.907	0.248	19.03	1.96	4.13	30.17	2.46	6.78	7.89	1.26	3.29	33.35	1.70
		5		6.143	4.822	0.248	23.17	1.94	5.08	36.77	2.45	8.25	9.57	1.25	3.90	41.73	1.74
		6		7.288	5.721	0.247	27.12	1.93	6.00	43.03	2.43	9.66	11.20	1.24	4.46	50.14	1.78
		8		9.515	7.469	0.247	34.46	1.90	7.75	54.56	2.40	12.25	14.33	1.23	5.47	67.11	1.85
		10		11.657	9.151	0.246	41.09	1.88	9.39	64.85	2.36	14.56	17.33	1.22	6.36	84.31	1.93
7	70	4	8	5.570	4.372	0.275	26.39	2.18	5.14	41.80	2.74	8.44	10.99	1.40	4.17	45.74	1.86
		5		6.875	5.397	0.275	32.21	2.16	6.32	51.08	2.73	10.32	13.34	1.39	4.95	57.21	1.91
		6		8.160	6.406	0.275	37.77	2.15	7.48	59.93	2.71	12.11	15.61	1.38	5.67	68.73	1.95
		7		9.424	7.398	0.275	43.09	2.14	8.59	68.35	2.69	13.81	17.82	1.38	6.34	80.29	1.99
		8		10.667	8.373	0.274	48.17	2.12	9.68	76.37	2.68	15.43	19.98	1.37	6.98	91.92	2.03

| 型号 | 尺寸(mm) | | | 截面面积 (cm²) | 理论质量 (kg/m) | 外表面积 (m²/m) | 参 考 数 值 | | | | | | | | |
| | b | d | r | | | | X-X | | | X0-X0 | | | Y0-Y0 | | | X1-X1 | Z0 (cm) |
							I_X (cm⁴)	i_x (cm)	W_X (cm³)	I_{X0} (cm⁴)	i_{x0} (cm)	W_{X0} (cm³)	I_{Y0} (cm⁴)	i_{Y0} (cm)	W_{Y0} (cm³)	I_{X1} (cm⁴)	
7.5	75	5	9	7.412	5.818	0.295	39.97	2.33	7.32	63.30	2.92	11.94	16.63	1.50	5.77	70.56	2.04
		6		8.797	6.905	0.294	46.95	2.31	8.64	74.38	2.90	14.02	19.51	1.49	6.67	84.55	2.07
		7		10.160	7.976	0.294	53.57	2.30	9.93	84.96	2.89	16.02	22.18	1.48	7.44	98.71	2.11
		8		11.503	9.030	0.294	59.96	2.28	11.20	95.07	2.88	17.93	24.86	1.47	8.19	112.97	2.15
		10		14.126	11.089	0.293	71.98	2.26	13.64	113.92	2.84	21.48	30.05	1.46	9.56	141.71	2.22
8	80	5	9	7.912	6.211	0.315	48.79	2.48	8.34	77.33	3.13	13.67	20.25	1.60	6.66	85.36	2.15
		6		9.397	7.376	0.314	57.35	2.47	9.87	90.98	3.11	16.08	23.72	1.59	7.65	102.50	2.19
		7		10.860	8.525	0.314	65.58	2.46	11.37	104.07	3.10	18.40	27.09	1.58	8.58	119.70	2.23
		8		12.303	9.658	0.314	73.49	2.44	12.83	116.60	3.08	20.61	30.39	1.57	9.46	136.97	2.27
		10		15.126	11.874	0.313	88.43	2.42	15.64	140.09	3.04	24.76	36.77	1.56	11.08	171.74	2.35
9	90	6	10	10.637	8.350	0.354	82.77	2.79	12.61	131.26	3.51	20.63	34.28	1.80	9.95	145.87	2.44
		7		12.301	9.656	0.354	94.83	2.78	14.54	150.47	3.50	23.64	39.18	1.78	11.19	170.30	2.48
		8		13.944	10.946	0.353	106.47	2.76	16.42	168.97	3.48	26.55	43.97	1.78	12.35	194.80	2.52
		10		17.167	13.476	0.353	128.58	2.74	20.07	203.90	3.45	32.04	53.26	1.76	14.52	244.07	2.59
		12		20.306	15.940	0.352	149.22	2.71	23.57	236.21	3.41	37.12	62.22	1.75	16.49	293.76	2.67
10	100	6	12	11.932	9.366	0.393	114.95	3.10	15.68	181.98	3.90	25.74	47.92	2.00	12.69	200.07	2.67
		7		13.796	10.830	0.393	131.86	3.09	18.10	208.97	3.89	29.55	54.74	1.99	14.26	233.54	2.71
		8		15.638	12.276	0.393	148.24	3.08	20.47	235.07	3.88	33.24	61.41	1.98	15.75	267.09	2.76
		10		19.261	15.120	0.392	179.51	3.05	25.06	284.68	3.84	40.26	74.35	1.96	18.54	334.48	2.84
10	100	12	12	22.800	17.898	0.391	208.90	3.03	29.48	330.95	3.81	46.80	86.84	1.95	21.08	402.34	2.91
		14		26.256	20.611	0.391	236.53	3.00	33.73	374.06	3.77	52.90	99.00	1.94	23.44	470.75	2.99
		16		29.627	23.257	0.390	262.53	2.98	37.82	414.16	3.74	58.57	110.89	1.94	25.63	539.80	3.06
11	110	7	12	15.196	11.928	0.433	177.16	3.41	22.05	280.94	4.30	36.12	73.38	2.20	17.51	310.64	2.96
		8		17.238	13.532	0.433	199.46	3.40	24.95	316.49	4.28	40.69	82.42	2.19	19.39	355.20	3.01
		10		21.261	16.690	0.432	242.19	3.38	30.60	384.39	4.25	49.42	99.98	2.17	22.91	444.65	3.09
		12		25.200	19.782	0.431	282.55	3.35	36.05	448.17	4.22	57.62	116.93	2.15	26.15	534.60	3.16
		14		29.056	22.809	0.431	320.71	3.32	41.31	508.01	4.18	65.31	133.40	2.14	29.14	625.16	3.24
12.5	125	8	14	19.750	15.504	0.492	297.03	3.88	32.52	470.89	4.88	53.28	123.16	2.50	25.86	521.01	3.37
		10		24.373	19.133	0.491	361.67	3.85	39.97	573.89	4.85	64.93	149.46	2.48	30.62	651.93	3.45
		12		28.912	22.696	0.491	423.16	3.83	41.17	671.44	4.82	75.96	174.88	2.46	35.03	783.42	3.53
		14		38.367	26.193	0.490	481.65	3.80	54.16	763.73	4.78	86.41	199.57	2.45	39.13	915.61	3.61
14	140	10	14	27.373	21.488	0.551	514.65	4.34	50.58	817.27	5.46	82.56	212.04	2.78	39.20	915.11	3.82
		12		32.512	25.522	0.551	603.68	4.34	59.80	958.79	5.43	96.85	248.57	2.76	45.02	1099.28	3.90
		14		37.567	29.490	0.550	688.81	4.28	68.75	1093.56	5.40	110.47	284.06	2.75	50.45	1284.22	3.98
		16		42.539	33.393	0.549	770.24	4.26	77.46	1221.81	5.36	123.42	318.67	2.74	55.55	1470.07	4.06
16	160	10	16	31.502	24.729	0.630	779.53	4.98	66.70	1237.30	6.27	109.36	321.76	3.20	52.76	1365.33	4.31
		12		37.441	29.391	0.630	916.58	4.95	78.98	1455.68	6.24	128.67	377.49	3.18	60.74	1639.57	4.39
		14		43.296	33.987	0.629	1048.36	4.92	90.95	1665.02	6.20	147.17	431.70	3.16	68.24	1914.68	4.47
		16		49.067	38.518	0.629	1175.08	4.89	102.63	1865.57	6.17	164.59	484.59	3.14	75.31	2190.82	4.55
18	180	12	16	42.241	33.159	0.710	1321.35	5.59	100.82	2100.10	7.05	165.00	542.61	3.58	78.41	2332.80	4.89
		14		48.896	38.383	0.709	1514.48	5.56	116.25	2407.42	7.02	189.14	621.53	3.56	88.38	2723.48	4.97
		16		55.467	43.542	0.709	1700.99	5.54	131.13	2703.37	6.98	212.40	698.60	3.55	97.83	3115.29	5.05
		18		61.955	48.634	0.708	1875.12	5.50	145.64	2988.24	6.94	234.78	762.01	3.51	105.14	3502.43	5.13
20	200	14	18	54.642	42.894	0.788	2103.55	6.20	144.70	3343.26	7.82	236.40	863.83	3.98	111.82	3734.10	5.46
		16		62.013	48.680	0.788	2366.15	6.18	163.65	3760.89	7.79	265.93	971.41	3.96	123.96	4270.39	5.54
		18		69.301	54.401	0.787	2620.64	6.15	182.22	4164.54	7.75	294.48	1076.74	3.94	135.52	4808.13	5.62
		20		76.505	60.056	0.787	2867.30	6.12	200.42	4554.55	7.72	322.06	1180.04	3.93	146.55	5347.51	5.69
		24		90.661	71.168	0.785	3338.25	6.07	236.17	5294.97	7.64	374.41	1381.53	3.90	166.65	6457.16	5.87

注：截面图中的 $r_1=1/3d$ 及表中 r 值的数据用于孔形设计，不做交货条件。

热轧槽钢（根据 GB 707—88 编制）

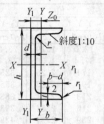

h—高度；　　　　　r_1—腿端圆弧半径；

b—腿宽度；　　　　I—惯性矩；

d—腰厚度；　　　　W—截面系数；

t—平均腿厚度；　　i—惯性半径；

r—内圆弧半径；　　Z_0—YY 轴与 Y_1Y_1 轴间距

热轧槽钢的规格及截面特征

附表 2-7a

型号	尺寸（mm）						截面面积（cm²）	理论质量（kg/m）	参 考 数 值							
									X-X			Y-Y			Y₁-Y₁	Z_0
	h	b	d	t	r	r_1			W_X(cm³)	I_X(cm⁴)	i_X(cm)	W_Y(cm³)	I_Y(cm⁴)	i_Y(cm)	I_{Y1}(cm⁴)	（cm）
5	50	37	4.5	7.0	7.0	3.5	6.928	5.438	10.4	26.0	1.94	3.55	8.30	1.10	20.9	1.35
6.3	63	40	4.8	7.5	7.5	3.8	8.451	6.634	16.1	50.8	2.45	4.50	11.9	1.19	28.4	1.36
8	80	43	5.0	8.0	8.0	4.0	10.248	8.045	25.3	101	3.15	5.79	16.6	1.27	37.4	1.43
10	100	48	5.3	8.5	8.5	4.2	12.748	10.007	39.7	198	3.95	7.80	25.6	1.41	54.9	1.52
12.6	126	53	5.5	9.0	9.0	4.5	15.692	12.318	62.1	391	4.95	10.2	38.0	1.57	77.1	1.59
14a	140	58	6.0	9.5	9.5	4.8	18.516	14.535	80.5	564	5.52	13.0	53.2	1.70	107	1.71
14b	140	60	8.0	9.5	9.5	4.8	21.316	16.733	87.1	609	5.35	14.1	61.1	1.69	121	1.67
16a	160	63	6.5	10.0	10.0	5.0	21.962	17.240	108	866	6.28	16.3	73.3	1.83	144	1.80
16	160	65	8.5	10.0	10.0	5.0	25.162	19.752	117	935	6.10	17.6	83.4	1.82	161	1.75
18a	180	68	7.0	10.5	10.5	5.2	25.699	20.174	141	1270	7.04	20.0	98.6	1.96	190	1.88
18	180	70	9.0	10.5	10.5	5.2	29.299	23.000	152	1370	6.84	21.5	111	1.95	210	1.84
20a	200	73	7.0	11.0	11.0	5.5	28.837	22.637	178	1780	7.86	24.2	128	2.11	244	2.01
20	200	75	9.0	11.0	11.0	5.5	32.837	25.777	191	1910	7.64	25.9	144	2.09	268	1.95
22a	220	77	7.0	11.5	11.5	5.8	31.846	24.999	218	2390	8.67	28.2	158	2.23	298	2.10
22	220	79	9.0	11.5	11.5	5.8	36.246	28.453	234	2570	8.42	30.1	176	2.21	326	2.03
25a	250	78	7.0	12.0	12.0	6.0	34.917	27.410	270	3370	9.82	30.6	176	2.24	322	2.07
25b	250	80	9.0	12.0	12.0	6.0	39.917	31.335	282	3530	9.41	32.7	196	2.22	353	1.98
25c	250	82	11.0	12.0	12.0	6.0	44.917	35.260	295	3690	9.07	35.9	218	2.21	384	1.92
28a	280	82	7.5	12.5	12.5	6.2	40.034	31.427	340	4760	10.9	35.7	218	2.33	388	2.10
28b	280	84	9.5	12.5	12.5	6.2	45.634	35.823	366	5130	10.6	37.9	242	2.30	428	2.02
28c	280	86	11.5	12.5	12.5	6.2	51.234	40.219	393	5500	10.4	40.3	268	2.29	463	1.95
32a	320	88	8.0	14.0	14.0	7.0	48.513	38.083	475	7600	12.5	46.5	305	2.50	552	2.24
32b	320	90	10.0	14.0	14.0	7.0	54.913	43.107	509	8140	12.2	49.2	336	2.47	593	2.16
32c	320	92	12.0	14.0	14.0	7.0	61.313	48.131	543	8690	11.9	52.6	374	2.47	643	2.09
36a	360	96	9.0	16.0	16.0	8.0	60.910	47.814	660	11900	14.0	63.5	455	2.73	818	2.44
36b	360	98	11.0	16.0	16.0	8.0	68.110	53.466	703	12700	13.6	66.9	497	2.70	880	2.37
36c	360	100	13.0	16.0	16.0	8.0	75.310	59.118	746	13400	13.4	70.0	536	2.67	948	2.34
40a	400	100	10.5	18.0	18.0	9.0	75.068	58.928	879	17600	15.3	78.8	592	2.81	1070	2.49
40b	400	102	12.5	18.0	18.0	9.0	83.068	65.208	932	18600	15.0	82.5	640	2.78	1140	2.44
40c	400	104	14.5	18.0	18.0	9.0	91.068	71.488	986	19700	14.7	86.2	688	2.75	1220	2.42

注：表中标注的圆弧半径 r、r_1 的数据用于孔型设计，不做交货条件。

型号	尺寸(mm)						截面面积(cm²)	理论质量(kg/m)	参 考 数 值							
									X-X			Y-Y			Y_1-Y_1	Z_0
	h	b	d	t	r	r_1			W_X(cm³)	I_X(cm⁴)	i_X(cm)	W_Y(cm³)	I_Y(cm⁴)	i_Y(cm)	I_{Y1}(cm⁴)	(cm)
6.5	65	40	4.3	7.5	7.5	3.8	8.547	6.709	17.0	55.2	2.54	4.59	12.0	1.19	28.3	1.38
12	120	53	5.5	9.0	9.0	4.5	15.362	12.059	57.7	346	4.75	10.2	37.4	1.56	77.7	1.62
24a	240	78	7.0	12.0	12.0	6.0	34.217	26.860	254	3050	9.45	30.5	174	2.25	325	2.10
24b	240	80	9.0	12.0	12.0	6.0	39.017	30.628	274	3280	9.17	32.5	194	2.23	355	2.03
24c	240	82	11.0	12.0	12.0	6.0	43.817	34.396	293	3510	8.96	34.4	213	2.21	388	2.00
27a	270	82	7.5	12.5	12.5	6.2	39.284	30.838	323	4360	10.5	35.5	216	2.34	393	2.13
27b	270	84	9.5	12.5	12.5	6.2	44.684	35.077	347	4690	10.3	37.7	239	2.31	428	2.06
27c	270	86	11.5	12.5	12.5	6.2	50.084	39.316	372	5020	10.1	39.8	261	2.28	467	2.03
30a	300	85	7.5	13.5	13.5	6.8	43.902	34.463	403	6050	11.7	41.1	260	2.43	467	2.17
30b	300	87	9.5	13.5	13.5	6.8	49.902	39.173	433	6500	11.4	44.0	289	2.41	515	2.13
30c	300	89	11.5	13.5	13.5	6.8	55.902	43.883	463	6950	11.2	46.4	316	2.38	560	2.09

注：表中标注的圆弧半径 r、r_1 的数据用于孔型设计，不做交货条件。

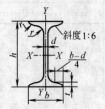

斜度1:6

h—高度;　　　　　　　r_1—腿端圆弧半径;

b—腿宽度;　　　　　　I—惯性矩;

d—腰厚度;　　　　　　W—截面系数;

t—平均腿厚度;　　　　i—惯性半径;

r—内圆弧半径;　　　　S—半截面的静力矩

型号	尺寸(mm)						截面面积(cm²)	理论质量(kg/m)	参 考 数 值						
									X-X				Y-Y		
	h	b	d	t	r	r_1			I_X(cm⁴)	W_X(cm³)	i_X(cm)	I_X:S_X	I_Y(cm⁴)	W_Y(cm³)	i_Y(cm)
10	100	68	4.5	7.6	6.5	3.3	14.345	11.261	245	19.0	4.14	8.59	33.0	9.72	1.52
12.6	126	74	5.0	8.4	7.0	3.5	18.118	14.223	488	77.5	5.20	10.8	46.9	12.7	1.61
14	140	80	5.5	9.1	7.5	3.8	21.516	16.890	712	102	5.76	12.0	64.4	16.1	1.73
16	160	88	6.0	9.9	8.0	4.0	26.131	20.513	1130	141	6.58	13.8	93.1	21.2	1.89
18	180	94	6.5	10.7	8.5	4.3	30.756	24.113	1660	185	7.36	15.4	122	26.0	2.00
20a	200	100	7.0	11.4	9.0	4.5	35.578	27.929	2370	237	8.15	17.2	158	31.5	2.12
20b	200	102	9.0	11.4	9.0	4.5	39.578	31.069	2500	250	7.96	16.9	169	33.1	2.06
22a	220	110	7.5	12.3	9.5	4.8	42.128	33.070	3400	309	8.99	18.9	225	40.9	2.31
22b	220	112	9.5	12.3	9.5	4.8	46.528	36.524	3570	325	8.78	18.7	239	42.7	2.27
25a	250	116	8.0	13.0	10.0	5.0	48.541	38.105	5020	402	10.2	21.6	280	48.3	2.40
25b	250	118	10.0	13.0	10.0	5.0	53.541	42.030	5280	423	9.49	21.3	309	52.4	2.40
28a	280	122	8.5	13.7	10.5	5.3	55.404	43.492	7110	508	11.3	24.6	345	56.6	2.50
28b	280	121	10.5	13.7	10.5	5.3	61.004	47.888	7480	534	11.1	24.2	379	61.2	2.49
32a	320	130	9.5	15.0	11.5	5.8	67.156	52.717	11100	692	12.8	27.5	460	70.8	2.62
32b	320	132	11.5	15.0	11.5	5.8	73.556	57.741	11600	726	12.6	27.1	502	76.0	2.61
32c	320	134	13.5	15.0	11.5	5.8	79.956	62.765	12200	760	12.3	26.8	544	81.2	2.61
36a	360	136	10.0	15.8	12.0	6.0	76.480	60.037	15800	875	14.4	30.7	552	81.2	2.69
36b	360	138	12.0	15.8	12.0	6.0	83.680	65.689	16500	919	14.4	30.3	582	84.3	2.64
36c	360	140	14.0	15.8	12.0	6.0	90.880	71.341	17300	962	13.8	29.9	612	87.4	2.60
40a	400	142	10.5	16.5	12.5	6.3	86.112	67.598	21700	1090	15.9	34.1	660	93.2	2.77
40b	400	144	12.5	16.5	12.5	6.3	94.112	73.878	22800	1140	15.6	33.6	692	96.2	2.71
40c	400	146	14.5	16.5	12.5	6.3	102.112	80.158	23900	1190	15.2	33.2	727	99.6	2.65
45a	450	150	11.5	18.0	13.5	6.8	102.446	80.420	32200	1430	17.7	38.6	855	114	2.89
45b	450	152	13.5	18.0	13.5	6.8	111.446	87.485	33800	1500	17.4	38.0	894	118	2.84
45c	450	154	15.5	18.0	13.5	6.8	120.446	94.550	35300	1570	17.1	37.6	938	122	2.79
50a	500	158	12.0	20.0	14.0	7.0	119.301	93.654	46500	1860	19.7	42.3	1120	142	3.07
50b	500	160	14.0	20.0	14.0	7.0	129.304	101.504	48600	1940	19.4	42.4	1170	146	3.01
50c	500	162	16.0	20.0	14.0	7.0	139.304	109.354	50600	2080	19.0	41.8	1220	151	2.96
56a	560	166	12.5	21.0	14.5	7.3	135.435	106.316	65600	2340	22.0	47.7	1370	165	3.18
56b	560	168	14.5	21.0	14.5	7.3	146.635	115.108	68500	2450	21.6	47.2	1490	174	3.16
56c	560	170	16.5	21.0	14.5	7.3	157.835	123.900	71400	2550	21.3	46.7	1560	183	3.16
63a	630	176	13.0	22.0	15.0	7.5	154.658	121.407	93900	2980	24.5	54.2	1700	193	3.31
63b	630	178	15.0	22.0	15.0	7.5	167.258	131.298	98100	3160	24.2	53.5	1810	204	3.29
63c	630	180	17.0	22.0	15.0	7.5	179.858	141.189	102000	3300	23.8	52.9	1920	214	3.27

注：截面图和表中标注的圆弧半径 r、r_1 的数据用于孔型设计，不做交货条件。

热轧扁钢的尺寸及每米长度的理论质量 (GB 704—83)

附表 2-9

厚 度(mm) ／ 理 论 质 量(kg/m)

宽度(mm)	3	4	5	6	7	8	9	10	11	12	14	16	18	20	22	25	28	30	32	36	40	45	50	56	60
10	0.24	0.31	0.39	0.47	0.55	0.63																			
12	0.28	0.38	0.47	0.57	0.66	0.75																			
14	0.33	0.44	0.55	0.66	0.77	0.88																			
16	0.38	0.50	0.63	0.75	0.88	1.00	1.15	1.26																	
18	0.42	0.57	0.71	0.85	0.99	1.13	1.27	1.41																	
20	0.47	0.63	0.78	0.94	1.10	1.26	1.41	1.57	1.73	1.88															
22	0.52	0.69	0.86	1.04	1.21	1.38	1.55	1.73	1.90	2.07															
25	0.59	0.78	0.98	1.18	1.37	1.57	1.77	1.96	2.16	2.36	2.75	3.14													
28	0.66	0.88	1.10	1.32	1.54	1.76	1.98	2.20	2.42	2.64	3.08	3.53													
30	0.71	0.94	1.18	1.41	1.65	1.88	2.12	2.36	2.59	2.83	3.30	3.77	4.24	4.71											
32	0.75	1.00	1.26	1.51	1.76	2.01	2.26	2.55	2.76	3.01	3.52	4.02	4.52	5.02											
35	0.82	1.10	1.37	1.65	1.92	2.20	2.47	2.75	3.02	3.30	3.85	4.40	4.95	5.50	6.04	6.87	7.69								
40	0.94	1.26	1.57	1.88	2.20	2.51	2.83	3.14	3.45	3.77	4.40	5.02	5.65	6.28	6.91	7.85	8.79								
45	1.06	1.41	1.77	2.12	2.47	2.83	3.18	3.53	3.89	4.24	4.95	5.65	6.36	7.07	7.77	8.83	9.89	10.60	11.30	12.72					
50	1.18	1.57	1.96	2.36	2.75	3.14	3.53	3.93	4.32	4.71	5.50	6.28	7.06	7.85	8.64	9.81	10.99	11.78	12.56	14.13					
55		1.73	2.16	2.59	3.02	3.45	3.89	4.32	4.75	5.18	6.04	6.91	7.77	8.64	9.50	10.79	12.09	12.95	13.82	15.54					
60		1.88	2.36	2.83	3.30	3.77	4.24	4.71	5.18	5.65	6.59	7.54	8.48	9.42	10.36	11.78	13.19	14.13	15.07	16.96	18.84	21.20			

厚度(mm) / 理论质量(kg/m)

宽度(mm)	3	4	5	6	7	8	9	10	11	12	14	16	18	20	22	25	28	30	32	36	40	45	50	56	60
65		2.04	2.55	3.06	3.57	4.08	4.59	5.10	5.61	6.12	7.14	8.16	9.18	10.20	11.23	12.76	14.29	15.31	16.33	18.37	20.41	22.96			
70		2.20	2.75	3.30	3.85	4.40	4.95	5.50	6.04	6.59	7.69	8.79	9.89	10.99	12.09	13.74	15.39	16.49	17.58	19.78	21.98	24.73			
75		2.36	2.94	3.53	4.12	4.71	5.30	5.89	6.48	7.07	8.24	9.42	10.60	11.78	12.95	14.72	16.48	17.66	18.84	21.20	23.55	26.49			
80		2.51	3.14	3.77	4.40	5.02	5.65	6.28	6.91	7.54	8.79	10.05	11.30	12.56	13.82	15.70	17.58	18.84	20.10	22.61	25.12	28.26	31.40	35.17	
85			3.34	4.00	4.67	5.34	6.01	6.67	7.34	8.01	9.34	10.68	12.01	13.34	14.68	16.68	18.68	20.02	21.35	24.02	26.69	30.03	33.36	37.37	40.04
90			3.53	4.24	4.95	5.65	6.36	7.07	7.77	8.48	9.89	11.30	12.72	14.13	15.54	17.66	19.78	21.20	22.61	25.43	28.26	31.79	35.32	39.56	42.39
95			3.73	4.47	5.22	5.97	6.71	7.46	8.20	8.95	10.44	11.93	13.42	14.92	16.41	18.64	20.88	22.37	23.86	26.85	29.83	33.56	37.29	41.76	44.74
100			3.92	4.71	5.50	6.28	7.06	7.85	8.64	9.42	10.99	12.56	14.13	15.70	17.27	19.62	21.98	23.55	25.12	28.26	31.40	35.32	39.25	43.96	47.10
105			4.12	4.95	5.77	6.59	7.42	8.24	9.07	9.89	11.54	13.19	14.84	16.48	18.13	20.61	23.08	24.73	26.38	29.67	32.97	37.09	41.21	46.16	49.46
110			4.32	5.18	6.04	6.91	7.77	8.64	9.50	10.36	12.09	13.82	15.54	17.27	19.00	21.59	24.18	25.90	27.63	31.09	34.54	38.86	43.18	48.36	51.81
120			4.71	5.65	6.59	7.54	8.48	9.42	10.36	11.30	13.19	15.07	16.96	18.84	20.72	23.55	26.38	28.26	30.14	33.91	37.68	42.39	47.10	52.75	56.52
125				5.89	6.78	7.85	8.83	9.81	10.79	11.78	13.74	15.70	17.66	19.62	21.58	24.53	27.48	29.44	31.40	35.32	39.25	44.16	49.06	54.95	58.88
130				6.12	7.14	8.16	9.18	10.20	11.23	12.25	14.29	16.33	18.37	20.41	22.45	25.51	28.57	30.62	32.66	36.74	40.82	45.92	51.02	57.15	61.23
140					7.69	8.79	9.89	10.99	12.09	13.19	15.39	17.58	19.78	21.98	24.18	27.48	30.77	32.97	35.17	39.56	43.96	49.46	54.95	61.54	65.94
150					8.24	9.42	10.60	11.78	12.95	14.13	16.48	18.84	21.20	23.55	25.90	29.44	32.97	35.32	37.68	42.39	47.10	52.99	58.88	65.94	70.65
160					8.79	10.05	11.30	12.56	13.82	15.07	17.58	20.10	22.61	25.12	27.63	31.40	35.17	37.68	40.19	45.22	50.24	56.52	62.80	70.34	75.36
170					9.34	10.68	12.01	13.34	14.68	16.01	18.68	21.35	24.02	26.64	29.36	33.36	37.37	40.04	42.70	48.04	53.38	60.05	66.72	74.73	80.07
180					9.89	11.30	12.72	14.13	15.54	16.96	19.78	22.61	25.43	28.26	31.09	35.32	39.56	42.39	45.22	50.87	56.52	63.58	70.65	79.13	84.78
190							13.42	14.92	16.41	17.90	20.88	23.86	26.85	29.83	32.81	37.29	41.76	44.74	47.73	53.69	59.66	67.12	74.58	83.52	89.49
200							14.13	15.70	17.27	18.84	21.98	25.12	28.26	31.40	34.54	39.25	43.96	47.10	50.24	56.52	62.80	70.65	78.50	87.92	94.20

注：表中粗线用以划分扁钢的组别：第1组——理论质量≤19kg/m；第2组——理论质量>19～60kg/m；第3组——理论质量>60kg/m。

普通低碳钢热轧圆盘条的规格及理论质量

附表 2-10

序号	钢号	直径 (mm)	截面面积 (mm²)	理论质量 (kg/m)	序号	钢号	直径 (mm)	截面面积 (mm²)	理论质量 (kg/m)
1		5.0	19.63	0.1541	5		7.0	38.48	0.3021
2	1~3 号	5.5	23.76	0.1865	6	1~3 号	7.5	44.18	0.3468
3		6.0	28.27	0.2219	7		8.0	50.27	0.3946
4		6.5	33.18	0.2605	8		9.0	63.62	0.4994

热轧圆钢的规格及理论质量 (GB 702—86)

附表 2-11

直径 d(mm)	理论质量(kg/m)	直径 d(mm)	理论质量(kg/m)
5.5	0.186	40	9.86
6	0.222	42	10.9
6.5	0.260	45	12.5
7	0.302	48	14.2
8	0.395	53	17.3
9	0.499	*55	18.6
10	0.617	56	19.3
*11	0.764	*58	20.7
12	0.888	60	22.2
13	1.04	63	24.5
14	1.21	*65	26.0
15	1.39	*68	28.5
16	1.58	70	30.2
17	1.78	75	34.7
18	2.00	80	39.5
19	2.23	85	44.5
20	2.47	90	49.9
21	2.72	95	55.6
22	2.98	100	61.7
*23	3.26	105	68.0
24	3.55	110	74.6
25	3.85	115	81.5
26	4.17	120	88.8
*27	4.49	125	96.3
28	4.83	130	104
*29	5.18	140	121
30	5.55	150	139
*31	5.92	160	158
32	6.31	170	178
*33	6.71	180	200
34	7.13	190	223
*35	7.55	200	247
36	7.99	220	298
38	8.90	250	385

注：带"*"者不推荐使用。

圆形通风管道统一规格

外径D (mm)	钢板制风管 外径允许偏差 (mm)	钢板制风管 壁厚 (mm)	塑料制风管 外径允许偏差 (mm)	塑料制风管 壁厚 (mm)	外径D (mm)	除尘风管 外径允许偏差 (mm)	除尘风管 壁厚 (mm)	气密性风管 外径允许偏差 (mm)	气密性风管 壁厚 (mm)
100	±1	0.5	±1	3.0	80	±1	1.5	±1	2.0
					90				
					100				
120					110				
					120				
140					(130)				
					140				
160					(150)				
					160				
180					(170)				
					180				
200					190				
					200				
220		0.75		3.0	210				
					220				
250					(240)				
					260				
280					(260)				
			±1		280				
320					(300)				
					320				
360					(340)				
					360				
400				4.0	(380)				
					400				
450					(420)				
					450				
500					(480)				
					500				
560	±1	1.0		5.0	(550)	±1	2.0	±1	3.0~4.0
					560				
630					(600)				
					630				
700					(670)				
					700				
800					(750)				
					800				
900					(850)				
					900				
1000					(950)				
			±1.5		1000				
1120					(1060)				
					1120				
1250				6.0	(1180)				
					1250				
1400					(1320)				
					1400				
1600					(1500)		3.0		4.0~6.0
					1600				
1800					(1700)				
					1800				
2000					(1900)				
					2000				

注：表中除尘、气密性风管分基本系列和辅助系列，应优先采用基本系列（括号中为辅助系列）。

外边长 A×B (mm)	钢板制风管 外边长允许偏差(mm)	壁厚(mm)	塑料制风管 外边长允许偏差(mm)	壁厚(mm)	外边长 A×B (mm)	钢板制风管 外边长允许偏差(mm)	壁厚(mm)	塑料制风管 外边长允许偏差(mm)	壁厚(mm)
120×120					630×500				
160×120					630×630				
200×120		0.5			800×320				5.0
120×160					800×400				
200×200					800×500				
200×200					800×630				
250×120				3.0	800×800		1.0		
250×116					1000×320				
250×200					1000×400				
250×250					1000×500				
320×160					1000×630				
320×200	−2		−2		1000×800				6.0
320×250					1000×1000				
320×320					1250×400	−2		−3	
400×200		0.75			1250×500				
400×250					1250×630				
400×320					1250×800				
400×400					1250×1000				
500×200				4.0	1600×500				
500×250					1600×630		1.2		
500×320					1600×800				
500×400					1600×1000				8.5
500×500					1600×1250				
630×250					2000×800				
630×320		1.0	−3	5.0	2000×1000				
630×400					2000×1250				

风管外径 D (mm)	法兰用料规格 型钢规格 b×s(mm)	螺孔 ϕ_1	螺孔 n_1(个)	铆孔 ϕ_2	铆孔 n_2(个)	配用螺栓规格 (mm)	配用铆钉规格 (mm)
80	L20×4	7.5	4	4.5		M6×20	
90	L20×4	7.5	4	4.5		M6×20	
100	L20×4	7.5	6	4.5		M6×20	
110	L20×4	7.5	6	4.5		M6×20	
120	L20×4	7.5	6	4.5		M6×20	
130	L20×4	7.5	6	4.5		M6×20	
140	L20×4	7.5	6	4.5		M6×20	
150	L25×4	7.5	8	4.5		M6×20	
160	L25×4	7.5	8	4.5		M6×20	
170	L25×4	7.5	8	4.5		M6×20	
180	L25×4	7.5	8	4.5		M6×20	
190	L25×4	7.5	8	4.5		M6×20	
200	L25×4	7.5	8	4.5		M6×20	
210	L25×4	7.5	8	4.5	8	M6×20	
220	L25×4	7.5	8	4.5	8	M6×20	
240	L25×4	7.5	8	4.5	8	M6×20	
250	L25×4	7.5	8	4.5	8	M6×20	
260	L25×4	7.5	8	4.5	8	M6×20	
280	L25×4	7.5	8	4.5	8	M6×20	
300	L25×4	7.5	10	4.5	10	M6×20	$\phi4×8$
320	L25×4	7.5	10	4.5	10	M6×20	$\phi4×8$
340	L25×4	7.5	10	4.5	10	M6×20	$\phi4×8$
360	L25×4	7.5	10	4.5	10	M6×20	$\phi4×8$
380	L25×4	7.5	12	4.5	12	M6×20	$\phi4×8$
400	L25×4	7.5	12	4.5	12	M6×20	$\phi4×8$
420	L25×4	7.5	12	4.5	12	M6×20	$\phi4×8$
450	L25×4	7.5	12	4.5	12	M6×20	$\phi4×8$
480	L25×4	7.5	12	4.5	12	M6×20	$\phi4×8$
500	L25×4	7.5	12	4.5	12	M6×20	$\phi4×8$
530	L30×4	9.5	14	5.5	14	M8×25	$\phi5×10$
560	L30×4	9.5	14	5.5	14	M8×25	$\phi5×10$
600	L30×4	9.5	16	5.5	16	M8×25	$\phi5×10$
630	L30×4	9.5	16	5.5	16	M8×25	$\phi5×10$
670	L30×4	9.5	18	5.5	18	M8×25	$\phi5×10$
700	L30×4	9.5	18	5.5	18	M8×25	$\phi5×10$
750	L30×4	9.5	20	5.5	20	M8×25	$\phi5×10$
800	L30×4	9.5	20	5.5	20	M8×25	$\phi5×10$
850	L30×4	9.5	22	5.5	22	M8×25	$\phi5×10$
900	L30×4	9.5	22	5.5	22	M8×25	$\phi5×10$

风管外径 D (mm)	型钢规格 b×s(mm)	螺孔 φ₁	螺孔 n₁(个)	铆孔 φ₂	铆孔 n₂(个)	配用螺栓规格 (mm)	配用铆钉规格 (mm)
950 1000	∟36×4	9.5	24	5.5	24	M8×25	φ5×10
1060 1120			26		26		
1180 1250			28		28		
1320 1400			32		32		
1500 1600	∟40×4		36		36		
1700 1800			40		40		
1900 2000			44		44		

矩形风管法兰尺寸　　　　　　　　　　　　附表 2-15

风管规格 A (mm)	风管规格 B (mm)	角钢规格 (mm)	螺孔 φ₁(mm)	螺孔 孔数(个)	铆孔 φ₂(mm)	铆孔 孔数(个)	配用螺栓规格(mm)	配用铆钉规格(mm)
120	120	∟25×4	7.5	4	4.5	8	M6×20	φ4×8
160	120			6				
160	160			8				
200	120			6				
200	160			8				
200	200							
250	120			6		10		
250	160			8				
250	200			8		10		
250	250			8		12		
320	160			8				
320	200			10		10		
320	250							
320	320			12		12		

141

风管规格 A (mm)	风管规格 B (mm)	角钢规格 (mm)	螺孔 φ₁ (mm)	螺孔 孔数(个)	铆孔 φ₂ (mm)	铆孔 孔数(个)	配用螺栓规格 (mm)	配用铆钉规格 (mm)
400	200	L25×4	7.5	10	4.5	12	M6×20	φ4×8
400	250			10		14		
400	320			10		14		
400	400			12		16		
500	200			12		14		
500	250			14		16		
500	320			14		16		
500	400			14		18		
500	500			16		20		
630	250			14		18		
630	320			16		18		
630	400			16		20		
630	500			18		22		
630	630			20		24		
800	320	L30×4	9.5	18		20		
800	400			18		22		
800	500			20		24		
800	630			22		26		
800	800			24		28		
1000	320			20		22		
1000	400			20		24		
1000	500			22		26		
1000	630			24		28		
1000	800			26		30		
1000	1000			28		32		
1250	400			22	5.5	28	M8×25	φ5×10
1250	500			24		30		
1250	600			26		32		
1250	800			28		34		
1250	1000			30		36		
1600	500	L40×4		30		34		
1600	630			32		36		
1600	800			34		38		
1600	1000			36		40		
1600	1250			38		44		
2000	800			38		44		
2000	1000			40		46		
2000	1250			42		50		

参 考 文 献

1. 金练等编著. 暖卫·通风·空调技术手册. 北京：中国建筑工业出版社，2000

2. 张学助，张朝晖编著. 通风空调工长手册. 北京：中国建筑工业出版社，1998

3. 采暖通风与空气调节设计规范（GB 50019—2003）. 北京：中国计划出版社，2003

4. 赵荣义等编. 空气调节. 第三版. 北京：中国建筑工业出版社，1994

5. 中国机械工业教育协会组编. 建筑设备. 北京：机械工业出版社，2002

6. 张林华，曲云霞主编. 中央空调维护保养实用技术. 北京：中国建筑工业出版社，2003

7. 李峥嵘，肖寰，曹叔维，刘东编著. 空调通风工程识图与施工. 安徽：安徽科学技术出版社，2002

8. 周邦宁主编. 中央空调设备选型手册. 北京：中国建筑工业出版社，1999

9. 陆耀庆主编. 实用供热空调设计手册. 北京：中国建筑工业出版社，2002

10. 建筑施工手册编写组. 建筑施工手册. 北京：中国建筑工业出版社，2003

11. 许富昌主编. 暖通工程施工技术. 北京：中国建筑工业出版社，2004

12. 赵培森，竺士文，赵炳文主编. 设备安装手册. 北京：中国建筑工业出版社，2002

13. 金练，欧阳曜等编著. 暖卫通风空调技术手册. 北京：中国建筑工业出版社，2000

14. 何耀东，何青主编. 中央空调. 北京：冶金工业出版社，2002

15. 韦节廷主编. 建筑设备工程. 第二版. 武汉：武汉理工大学出版社，2004

16. 余宁主编. 暖通与空调工程. 北京：中国建筑工业出版社，2003

17. 徐正廷，凌代俭编. 建筑装饰设备. 北京：中国建筑工业出版社，2000